三十九種拯救地球的方法

39 WAYS TO SAVE THE PLANET

BBC主持人告訴你，
我們擁有讓環保與發展並存的實際方法

Tom Heap
湯姆・希普 著
涂瑋瑛 譯
何晟瑋 觀察家生態顧問有限公司 植物部計畫專員 審訂

晨星出版

目錄

阿諾．史瓦辛格在加州州長任內努力通過《二〇〇六年全球暖化因應法案》（2006 *Global Warming Solutions Act*）及低碳燃料標準，為自然提供更有力的保護。如今，改善環境是南加州大學史瓦辛格國家與全球政策研究所（*Schwarzenegger Institute for State and Global Policy*）和史瓦辛格氣候倡議（*Schwarzenegger Climate Initiative*）的核心目標之一。每年他都會舉辦奧地利世界高峰會（*Austrian World Summit*），匯集政治人物、商業人士及思想領袖一起應對氣候變遷。

序、阿諾・史瓦辛格撰

「沒有所謂的命運，一切由我們創造」（There is no fate but what we make for ourselves）不只是《魔鬼終結者》（*Terminator*）的一句精彩台詞而已，也是我們所有人都能應用在生活中的哲學。

《魔鬼終結者》系列電影描繪機器試圖控制人類生活的浩劫，呈現出一個恐怖、反烏托邦、不宜人居的世界。但重點是：《魔鬼終結者》並沒有沉溺在這場災難的無望，反而聚焦於人類意志與人類希望。事實上，當莎拉・康納（Sarah Connor）向全世界警告機器人浩劫即將到來時，人們把她關進瘋人院。

我認為我們必須將樂觀正向的思考融入當前的環保運動，而不是只用民眾沒有真正了解的悲慘消息來嚇唬他們。是的，我們有理由心存警惕。是的，我們確實發現問題愈來愈嚴重，從野火和洪水，到在殼裡燙死的貝類，到無法安全飲用的水及無法安全呼吸的空氣，比比皆是。是的，我們正處於關鍵時刻。

但我相信，我們也需要分享帶來希望的故事，講述眾位英雄終結遍布世界的汙染、創造工作機會、幫助未來世代更輕鬆地呼吸。

這就是我愛這本書的原因，答案就在書名：《三十九種拯救地球的方法》。三十九種解決辦法，〇個悲慘消息。你會認識全球各式各樣富有遠見的人，他們一直在沒有多少掌聲的情況下努力解決我們的汙染危機。

這就是我們需要展示給大家看的：我們正在掌握情勢。因為老實說吧，我們需要大家創造清潔能源的未來，需要大家解決每年導致七百多萬人死亡的汙染危機，也需要大家加入我們的環保行列。

我們一直等待世界各地的政府解決這項問題，但我們真正需要的是世界各地的人民解決這項問題。每個偉大的社會運動都吸引人民參與，包括民權運動、反種族隔離運動、婦女參政運動、印度獨立運動。環保運動也不例外，而這就是為什麼我認為本書在此時此刻至關重要。很多關於氣候危機的著作都著重在危機，本書則著重在人們能支持的解決方案。

在全球各地，充滿進取心的人正在尋找能解決當前挑戰的方法。他們從自然、科技、教室及自家尋求辦法，以創造乾淨能源、減少排放，並從空氣中捕集碳。你會不禁受到書中記述的創新人士所激勵。你會很高興讀到，電腦科學家使用人工智慧來建造能在離岸數英里的風機上運作的機器人；或是前任消費品執行長開發價格低廉又更加安全的核電廠；或是教授努力研究如何減少牛隻排氣；或是辛巴威的老師透過教導女學生永續農業來對抗氣候變遷。本書的三十九個案例，每一個都鼓舞人心，並讓讀者對未來抱持樂觀態度。

我們現在應該停止告訴大家需要失去什麼，而是開始告訴大家需要贏得什麼。我們需要收回我們的白旗、終結我們的愁雲慘霧，並開始建立一項以樂觀和希望為基石的真實運動。

不知道該從哪裡著手嗎？你現在拿的這本書就是不錯的起點。你一定會對本書描述的人和計畫感到崇拜又深受啟發。

因為好事正在發生。我們可以加入改變，我們可以拯救世界。

沒有所謂的命運，一切由我們創造。所以，讓我們為自己創造乾淨、綠色又健康的未來吧。

——阿諾・史瓦辛格

Arnold Schwarzenegger

、前言、

氣候變遷對於地球上的人類文明是真實且迫在眉睫的危險，但本書也可以用「三十九個開心的理由」當作書名，因為書中呈現了提供解決方案的男男女女。

在報導環境、鄉村和科學的二十五年生涯中，我愈來愈確信我們面臨的危機十分嚴重，但我時常覺得，努力解決這些可怕問題的人一直遭到忽視。這讓我感到很奇怪，不僅是因為世界上有很多鼓舞人心又新穎的事物等著我們探索，也因為只關注悲慘消息會讓人失去力量。在戰爭中——有些人還說我們需要在作戰模式下才能打敗氣候變遷——公眾的士氣是透過聚焦成功和淡化失敗來維持的。（按：本書撰寫於俄烏戰爭爆發前）在對抗氣候變遷的戰爭中，我們似乎正在反其道而行，讓很多人都感到焦慮又無助。我不是建議大家忽視壞消息，但我們至少可以注意許多好消息並為此喝采。如此一來，這些好事才會繼續發展。這就是製作本書和英國廣播公司廣播四台（BBC Radio 4）系列節目的動機，其中伴隨著不為人知的巧思及救贖故事。

我在二〇二一年年中完成本書時，感覺應對氣候變遷的公眾需求正前所未有地高漲。這當然令人興奮，但也令人驚訝，因為呼籲採取行動的訴求居然是在新冠肺炎大流行這種更即時的威脅下逐漸成長；你原本或許以為，應對每日死亡人數會將氣候威脅推回日益惡化的軌道。這種情況沒有發生的原因大概需要用另一本書來探討，但本書提供一套正向思考三重奏。第一是我們已經學會更加尊重科學，而科學家想要採取氣候行動。第二是政府已經實施廣泛的政策來限制冠狀病毒的影響，所以他們現在有膽量推出更嚴格的規定及減碳目標來長期保護人民。第三是比較緩慢發展的現象：企業似乎終於明白，如今解決氣候變遷能比忽視氣候變遷賺更多錢。

我為《三十九種拯救地球的方法》挑選應該收錄的構想和創新人士時並沒有確切的規則，但我認為本書有幾個主題。首先，我決定不要忽視已經發揮作用的大規模解決方案，例如風電、太陽能、電動車、再生農耕。這些解決方案的迅速成長會重挫氣候變遷，而我相信我們已經找到正在按下加速鍵的人。本書會呈現一些「英雄」科學家，他們分布在郊區的車庫、實驗性海藻農場、高科技的乾淨房間等不同地方，但重點是他們的解決方案已經準備就緒。令人驚豔的科學突破會很棒，例如可投入使用的核融合，但等待萬靈丹的發明既沒有必要也沒有意義。鑒於氣候問題的急迫性，現有的方法會比全新方法更好。不過，本書不只是一場科技盛宴。在教室、庭院乃至我們的廚房裡，都可以找到解決方法。自然世界也能提供很多幫助。所謂的「以自然為本的解決方案」，例如栽培竹子、播種海草、重新溼潤泥煤（peat）或鋪灑生物炭，都能協助停止既有排放，並創造碳匯（carbon sink）。

本書也納入某些環保人士反對的解決方案，例如核能、碳捕集（carbon capture）、低衝擊性伐木或氣候友善的牛。反對意見源自固有的恐懼，懷疑這些方案與化石燃料公司等既有「反派」有關，相信這些方案不會奏效，或是會讓我們有藉口逃避對自己的生活方式做出艱難的抉擇。因此，這就是本書會納入這些方案的原因。從根本來看，對於立足在愈來愈多燃料消耗之上的文明而言，減少碳排放是非常艱鉅的挑戰，所以我們需要每一種能派上用場的方法來達成目標。或者就像二氧化碳捕集公司 Climeworks 的克里斯多夫・格博（Christoph Gebald）所說：「討論氣候友善科技科技時，你不該使用『或』這個字。你應該只用『和』這個字。」

堅持只使用環境德行層級最高的科技，或是只跟沒有不良前科的公司合作，可能會難以達到完美，同時阻礙成果的實現。我們沒時間這麼做了。如果寄望於改變行為就能拯救世界……相關歷史紀錄實在太糟糕，我不會繼續討論這種沒人想看的消息。

大多數章節都包含對某個構想的規模估計，或以此為結尾，例如我們每年會排放五百億公噸的二氧化碳當量（CO_2e，「e」代表「當量 equivalent」，且包括甲烷、一氧化二氮、散逸冷媒等其他溫室氣體的影響），該構想能從中消滅多少。這種估計絕非精確科學，因為它非常仰賴政治、投資和公眾參與，這就是為什麼我選擇用「理想目標」這個標題。這樣的目標位於有形的可能性疆界內，只要有足夠意願就可能成真。

「意願」才是重點。認識這麼多傑出的人，並見到他們在做的事之後，我完全相信我們有**方法**將碳排放降到淨零，但我們有**意願**嗎？意願並不是真的那麼抽象；政府的法律和支出、企業的選擇、我們所有人的行為都已經證明意願的存在。儘管這不是一本關於低碳生活方式訣竅的書，但它不該讓你感到無能為力。你可以透過你的選票、你的工作、你的支出和你的靈感來協助達成「理想目標」。我們可以做到的——讓我們著手開始吧！

能源

Energy

1 BladeBUG

在泰晤士河附近的一間廠房裡，一隻如幼童般大小的機器螞蟻正向我走來。它擁有六個吸盤當作腳，哪裡都能去，甚至能在天花板上行走。幸好它是由工程師操控，走得比一頭身體溼軟的喪屍還慢，並肩負大規模擴張風能的良善使命。這就是BladeBUG。

近年來，世界各地的風能一直快速成長，每年增加容量介於一五到二〇%之間。太陽能也以類似的曲線成長，而對於地球來說，這樣的能源爭相成為主要能源的情景是一種最理想的競爭。目前最大也最強力的風場位於海上，相對擁擠的歐洲大陸在離岸開發方面處於領先地位。光是英國就占據全球海洋發電容量的三分之一，其次是德國及中國。

海上風場具有一些關鍵優勢：風更強烈也更穩定、可用空間寬敞，而且反對巨型白色風車的當地居民更少。不過，離岸風場有一個相當大的問題：那是一個對人類和機器都不友好的世界，所以讓一切保持正常運作既危險又昂貴。在離岸風機的二十五至五十年壽命裡（包括建造及運作的時間），維護通常占據費用的四〇%左右。如果可以降低這些成本，新的風場就會變得經濟實惠，你也會得到大量風能。

要在惡劣環境中進行維護，最有潛力的方法是排除人類的參與。在過去數十年的太空探索期間，大家已經明白，只要不用載著八十公斤的活人前進，就可以勇往直前，且更遠、更快，也更便宜。這就是為什麼 BladeBUG 背後的設計者之一曾為美國太空總署（NASA）規劃自動化太空任務。人工智慧教授莎拉・貝納迪尼（Sarah Bernardini）說：「在離岸好幾英里又離海面一百公尺的高空上維修一片薄薄的風機葉片，並不適合人類。這種環境會危及生命，通訊也很差，而且成本是天文數字，就跟太空任務一樣。」

風機相當堅固，但所有機器都需要一定程度的維修保養，特別是以自然元素發電的機器。風機葉片的尖端能以每小時三百二十公里的速度運轉。即使是雨水，在那種速度下也會變得像是傾盆的炸彈碎片。支撐塔需要承受經常發生的風暴所產生的巨大壓力。檢查和維修非常重要，目前團隊是從下方的浮式起重機或上方的繩索通道進入以進行檢修。這類團隊及其工具組必然十分昂貴，而且只要風機關閉就無法賺錢，往往一天損失超過一萬英鎊。

BladeBUG 創辦人克里斯・西斯拉克（Chris Cieslak）的願景是讓所有人員都留在陸地上。自動化船隻會載著 BladeBUG 離開港口，船隻抵達風機後，無人機就會起飛，從空中進行初步檢查，然後回到船上抓住 BladeBUG 機器人，把它送到工作區域。這就像是機器人版的俄羅斯娃娃，一台機器人載著另一台，然後又載著另一台。BladeBUG 就位之後，可以對表面進行影像式檢查和超音波非破壞性檢測；它連腳上都有電子感應器，能夠偵測裂縫。它也能承載不同的重量負荷，例如鑽頭、扳手、砂輪、樹脂注射器，以便進行任何所需的維修工作。BladeBUG 具有六足和裝有關節的軀體，使它可以抵達幾乎任何地方，即使是支撐塔內部也行。

克里斯・西斯拉克能預見，當成本隨著製程成熟而降低時，每架風機都各自配備 BladeBUG 的未來——就像犀牛身上的食蝨鳥一樣。他說：「它會像是風機的專屬侍從：一台專屬的檢修機器人，負責快速偵測及解決問題。就像車子表面的烤漆脱落，早期介入比任由問題惡化要便宜多了。」

除了倫敦的廠房，BladeBUG 也在英格蘭東北部布萊斯（Blyth）的離岸再生能源整合開發中心（Offshore Renewable Energy Catapult）進行測試。BladeBUG 受到產業加速發展網絡（Catapult Network）支持，該網絡是由政府資助的計畫，並以有潛力的新科技為對象。莎拉・貝納迪尼相信，這些機器人將在二〇二〇年代中期成為主流，但在人工智慧方面仍有不小的挑戰。目前決策是由遠端的人類操作員和機器本身一起進行，但莎拉・貝納迪尼期待見到穩定的權力交接，她說：「BladeBUG 需要能夠根據天候變化來適應、對它們找到的問題做出反應，並與其他機器人合作，使用邏輯推理設計出最佳計畫。它們也需要學習，以便改善效能。這就是人工智慧的尖端科技。」

英國的目標是在二〇三〇年前將離岸風電容量提高四倍至四十吉瓦（GW，百萬瓦），而其他許多國家也有宏大的擴展計畫，特別是美國和中國。挪威及西班牙正在開發浮式風機——這聽起來或許有點奇怪，但請記得，我們已經使用浮式鑽油平台幾十年了——這些浮式風機可以在更深的水域、離陸地更遠的地方運轉。國際能源署（IEA）表示，離岸風電有可能每年產生四十二萬兆瓦小時的電力。這相當於目前全球電力需求的十八倍以上。這是個令人難以置信的目標，卻顯示出離岸風電是我們針對氣候變遷的一大解決方案。有了機器人進行維護，這些遠大抱負都將更有機會實現。

理想目標

國際能源署表示，到了二〇五〇年，離岸風電可能成長到足以減少現有人為溫室氣體排放的五%。這會需要離岸風機產生的電力增加六十倍。

如何實現

更大的風機：最新一代的離岸風機非常龐大，而且正在逐年變大——其高度為兩百五十公尺，葉片能夠從足球場五倍大小的「掃掠面積」（swept area）捕捉風。

科技：BladeBUG 以及其他機器人和遙測技術正在進行開發，以降低安裝與維護的成本。浮式離岸風電平台使用習自浮式深海石油和天然氣鑽井的方法來製造，正在進行測試。

重新接線：需要電纜將電力從海上送到我們的住家；英國已有人建議裝設海岸環狀幹線，避免海邊成為高壓電塔叢林。

偏遠水域及深水域：風在離岸愈遠的地方往往愈強也愈穩定，也會減少旋轉的葉片對濱海野生動物造成的危險，而且可以把風機設置在地平線上，減少視覺干擾。

附加效益

增加好工作：建造及部署如此大量的離岸風機是非常大的商機，而且在許多地方，這些工作能取代在化石燃料產業失去的工作。

減少危險工作：機器人可以執行更多非常危險且威脅生命的工作。

增加海洋生物：風機基座能在海床上為海洋生物提供多樣結構和棲地，而且許多離岸風場都成為禁捕區（no-take zone），為魚類及貝類提供庇護。

2 浮式太陽能
Floating Solar

太陽能正在蓬勃發展。隨著成本下降，太陽能的運用也逐漸增加，隨著大型太陽能電場（sloar farm）紮根，也有愈來愈多鄉村地區遍布銀色的太陽能板。這有利於提高低碳能源，但不是所有人都樂見這種現象。

「要真正的農場，不要太陽能電場！」

「向大型太陽能電場說不！」

「農地是用來種糧食的！」

隨著「糧食抑或燃料」的辯論演變成對於地景中這些閃亮物體的不安，以及對於它們可能威脅糧食供應的焦慮，這些橫幅和海報開始在鄉間道路旁湧現。

「我希望能參與肩負偉大使命的行業。我想要開發再生能源，同時又不會跟土地利用發生衝突。」法國浮式太陽能先鋒企業，夏爾特拉太陽能科技公司（Ciel et Terre）的共同創辦人亞歷克希・加沃（Alexis Gaveau）說，「我們探勘馬賽附近的潛在太陽能電場場址時，我就產生了這個想法。那片土地非常發達，但後來我們注意到一些被淹沒的採石場區域。」

夏爾特拉如今在浮式光電（floating photovoltaics，業界簡稱 FPV）領域是全球最大的企業之一，在十一個國家設有辦公室，裝置容量超過五億瓦，還有超過十億瓦正在發展中。他們的構想很簡單：將安裝太陽能板的漂浮塑膠筏固定在湖底或繫在岸邊。太陽照射時，電力就會輸送回陸地。竅門就是讓浮式光電系統堅固到足以維持至少二十五年，又便宜到足以跟陸上太陽能電場競爭。

在土地免費或非常便宜的地方，浮式光電總是難以在價格上取勝。其安裝需利用船隻、浮板、潛水員、專家訓練來進行，可能比在陸地上利用跟搬家工人差不多的人力更加昂貴。此外，有些工程和電纜鋪設的規格需要更高才能應對水下環境。不過，浮式光電確實有一些優勢。水庫往往可以冷卻太陽能板，使它們的效率稍微提高，因為電阻會隨著降溫而減少，而水面反射也能提升太陽能板的效能。

歐洲某些早期的浮式光電場位於自來水公司擁有的水庫，例如倫敦西部的女王伊莉莎白二世水庫（Queen Elizabeth II reservoir）。在這些水庫，浮式光電產生的表面遮蔭能協助減少有害藻類的生長，因為它們會在陽光下迅速繁殖。浮式光電也能協助降低蒸發損失。許多有大量電力需求且土地昂貴到令人卻步的城市，都是濱水的巨型聚居地，建在河口或歷史悠久的碼頭附近，這些區域就是潛在的浮式太陽能不動產。

最豐沛的浮式太陽能水域位於亞洲，尤其是中國、日本、南韓、新加坡。這些國家的土地非常珍稀，水資源卻很豐富。浮式光電的全球成長率預計是每年至少二〇%，其中三分之二來自南亞及東亞。南韓是非常多山的國家，目前正在新萬金（Saemangeum）的潮埔裝設浮式光電。到二〇二五年完工時，那裡將成為全球最大的浮式太陽能設施，具有二．一吉瓦的容量，大約是一般核電廠發電容量的兩倍。夏爾特拉已經在台灣和日本的埤塘，以及中國、印度、紐西蘭的水處理設施上建造浮式太陽能電場。在二十一世紀，地球必須有更多區域進行多工作業。

同時執行兩件事是很有説服力的構想，因此出現了太陽能結合水力的最新地點：水力發電蓄水池。這種結合同樣是天生一對。水力發電廠原本就擁有良好的電網連結，僅需較少經費即可鋪設電纜。基本上，水力發電仰賴降雨和河川水流；夏季的水力發電量往往較低（按：此為英國的情況），所以發電廠無法以滿載容量運轉，但夏季通常是陽光最強的時候，所以太陽能可以協助補足短缺的電量。太陽能板會遮蔽水面，因而降低蒸發量，這也讓更多水留在水壩後方，為渦輪供應電力。一種發電系統的長處可以彌補另一種系統的短處。這種水力／太陽能組合的潛力正在產出一些相當令人讚賞的數據：美國能源部（US Department of Energy）近期估計，全世界水力發電蓄水池上的太陽能電池陣列可以達到全球電力需求的一半。這種規模的部署不太可能實現，卻也顯示出浮式光電板不一定是無足輕重的構想。

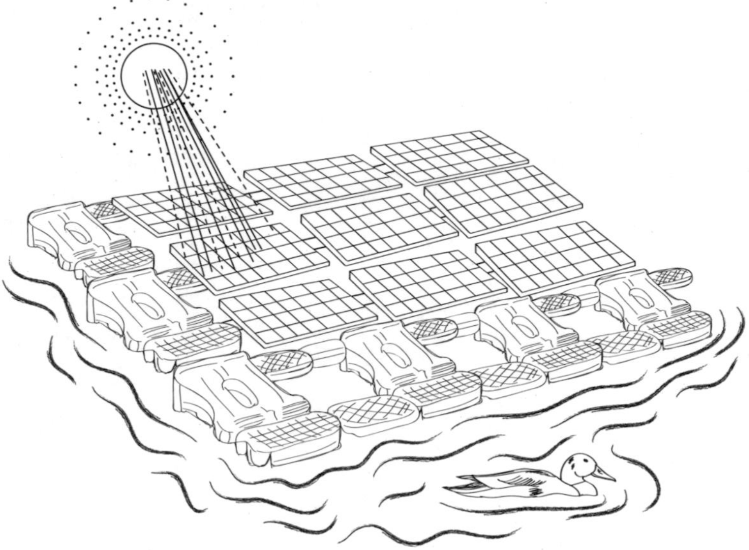

另一項鼓舞人心且可能更容易實現的預測來自歐洲聯合研究中心（European Joint Research Centre）對非洲的研究。水力發電為該大陸提供將近二〇%的電力，而在衣索比亞和莫三比克等國家，水力發電的比例是九〇%。五十座新水壩正在興建中。這份報告的作者估計，只需要用太陽能板覆蓋一%的非洲水庫，就可以使這些資產的現有容量翻倍：從二十八吉瓦提升到五十八吉瓦。而且這裡的浮式太陽能同樣可以提供蒸發阻隔和季節性代償的效益。

作者也警告，氣候變遷正在干擾非洲

的降雨型態，因此將能源生產從河川水流分散出去是一項明智的保險政策。浮式太陽能的成本和工程複雜度仍然略高，但感覺很適合非洲，這塊大陸上有許多人的生活仍缺乏能源，而且對電力的需求正在急遽上升。

顯而易見的是，浮式太陽能最大的前沿地帶是覆蓋全球近四分之三面積的水體：海洋。亞歷克希・加沃表示，夏爾特拉已有正在進行的海洋計畫，還有更多計畫即將啟動，但他強調，海洋是很棘手的環境。他說：「海浪可能很大，風可能很強，海水總是充滿鹽分，而氣候變遷應該會讓天氣變得更極端。這些狀況都是安裝電力設備時會遇到的挑戰。」

儘管如此，亞洲各地依然在有風浪遮蔽的沿海水域持續裝設巨型且彈性的浮台（raft）。夏爾特拉在台灣的周邊海域有一片浮台，面積超過一百個足球場，而且可承受五公尺高的海浪。公海太陽能的潛在價值正在吸引其他在離岸產業中擁有獨特經驗的參與者，包括具備數十年惡劣環境工程專業經驗的石油與天然氣公司，還有以漂浮為生的魚類養殖業者。在接下來十年內，英國和歐洲大陸之間的北海可能會出現第一個太陽能、風能和海藻聯合農場，這種三贏讓我相當感興趣。

理想目標

我們有大約四〇%的溫室氣體排放來自發電。理論上，其中一半（即二〇%）可以來自水上太陽能。由於陸上太陽能板通常更便宜，所以此做法削減的排放更有可能是四%。

如何實現

政策：納入水上太陽能的運用，將其作為開發新水庫的條件之一。

耐用性：證明浮式太陽能的可靠性和經濟報酬，藉此吸引能源公司。

創新：鼓勵離岸工程專家合作設計可靠的海洋太陽能。

附加效益

- 飲用水水庫中的藻類生長減少。
- 水力發電湖的蒸發量減少。
- 隨著陸上太陽能逐漸減少，有更多土地可供糧食種植或野生動物棲息。

3 重力儲能
Gravitricity

有時候，某個想法簡單到會讓你不禁思考，為什麼自己花這麼長時間才乍現靈光。重力儲能一直都在。我們都知道舉起物品需要能量，抵抗重力移動物品需要能量，這就是為什麼騎腳踏車上坡或在健身房舉重並不容易。我們也都知道物品落下會釋放這股能量，所以下坡會加速，你的啞鈴也會砸到地板上。既然如此，何不透過舉起重物來儲存電能呢？

眾所皆知，擁有大量再生能源的電網一定需要儲能。隨著愈來愈高比例的電力來自變化無常的風及太陽，我們也需要更多方式來儲存它，以便在黑暗、寒冷和風停的時候使用。有一個快速發展的新科技生態系正在努力實現這項目標，其中的電池儲能方式包括化學、壓縮空氣、飛輪、氫及重力。

在愛丁堡北部海岸的利斯（Leith）碼頭邊，有一座機具看起來像建築起重機的殘餘部分，實際上卻是可以舉起總重五十公噸的堅固結構。它是重力儲能（Gravitricity）的運作雛型。重力儲能是一家蘇格蘭公司，他們的最終計畫是在可能有數千公尺深的礦井中拉高和降低重達幾千公噸的鐵礦石，藉此儲存能量。該公司正在關注中歐、西班牙北部及南非的商業地點，這些地區具有採礦的歷史和再生能源的未來。

重力儲能的總經理查理・布萊爾（Charlie Blair）說，這項科技也有點「回到未來」的感覺。「老爺鐘是由重力能驅動。它的高度可以讓重錘進行長距離下降。你每天把重錘升起來一次，它的緩慢下降會為機械裝置提供動力。我們要做同樣的事，只是規模更大。」

事實上，重力儲能已經十分普遍，只不過是以水的形式運作，我們稱之為水力發電。以水壩攔住水並按照需求釋放，會帶動渦輪發電。一九六五年，位於蘇格蘭高地的克魯埃欽（Cruachan）成為全世界第一座大型可逆抽蓄發電系統。這座系統具有湖頂和湖底；有多餘電力時，就將水往上抽，而需要電力時，就讓水往下落。

但有個問題是：重力其實出奇地微弱，雖然鎚子砸在你腳趾上時，你可能不這麼覺得。大量下落的重量所提供的能量非常少。如果要為一顆普通的十瓦LED燈泡供電一小時，你需要將一百公斤的重量（一名高大男子的體重）降低大約四十公尺。降低十公尺能提供相當於一顆三號電池儲存的能量。這就是為什麼你需要巨大的重量和長距離的下落，以及非常重也非常聰明的工程設計。重力儲能的絞車必須舉起數千公噸的重量，以不同速度運轉，並應對隨之而來的不同壓力，還需要發電。請記住，一般電梯在滿載時的重量只有二到三公噸。這些絞車是由製造全球最大起重機的公司所建造。

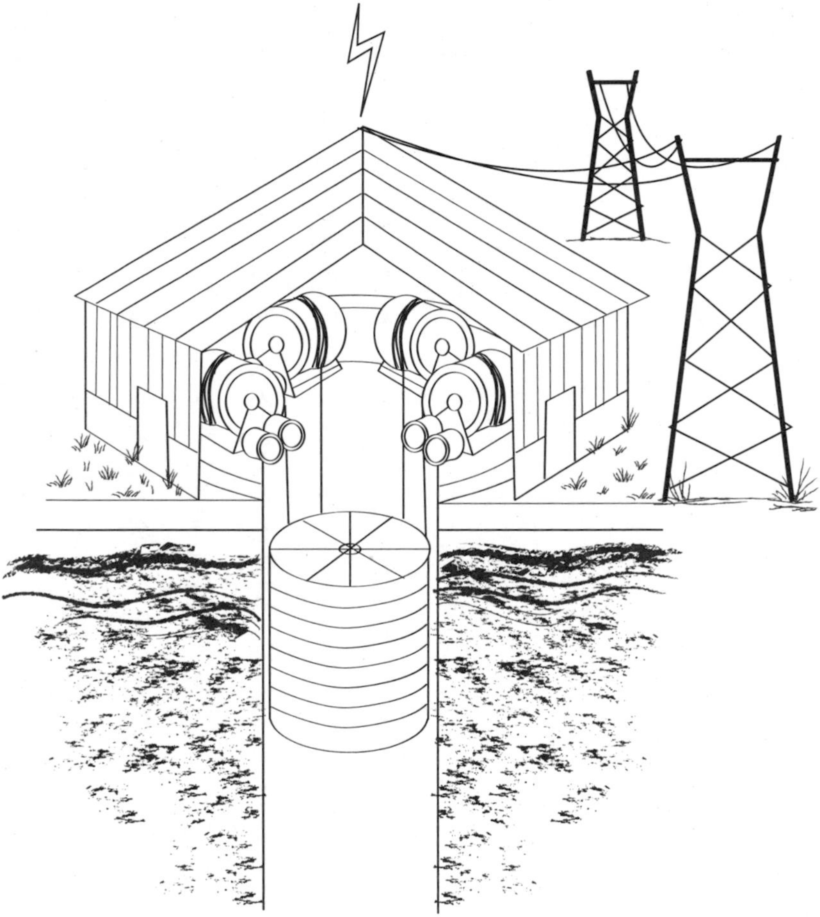

重力儲能並不是唯一一間從牛頓的蘋果得到靈感的公司。提契諾鎮（Ticino）坐落在瑞士阿爾卑斯山谷裡，但有一台六臂建築起重機，它大到讓房屋和辦公室顯得矮小。這座「電力塔」會在基座周圍舉起、降下及堆疊許多小方塊。在未來概念影片中，這座起重機的周圍環繞著一根由三十五公噸的磚塊構成的堅固柱子，這些磚塊會被定期拆除及更換。這就像是玩樂高和俄羅斯方塊長大的工程師所懷抱的狂熱夢想。與此同時，韓德爾能源公司（Heindl Energy）則將水和固體物質結合起來，方法是舉起極大重量，然後重物會像巨大的活塞一般墜落在水體上，產生水壓來驅動渦輪。在美國，先進軌道能源儲存公司（Advanced Rail Energy Storage）計劃在陡峭的斜坡上鋪設十條平行的鐵路線，讓沉重的貨運車廂上下坡。

在地球恆常有重力的情況，成功的關鍵是降低成本並提高靈活性。正確的做法可能依據不同地區的地理或工業歷史而異，例如你是否有「備用」山坡來鋪設鐵路軌道，或是容易抵達的廢棄礦坑？重力儲能承諾以現行鋰離子電池價格的一半來儲存電力，而且該公司認為，其系統將能在小於一秒的時間內從零達到全功率輸出。這種速度是所謂的「電網平衡」需要的特性，也就是讓供應滿足波動需求（例如人們開始燒水或為電動汽車充電時）的能力。多年來，國家電網已經非常擅長這種技藝，但往往需要仰賴燃氣發電廠調整燃氣量的能力。在低碳世界裡，這個選項不太理想也不太可行，所以擁有輕碰開關就能獲得電力的氣候友善方法既重要又有價值。

重力儲能的查理．布萊爾也認為，在擁有新興能源電網的貧困國家，重力儲能有巨大潛力。大家一般認為，非洲的電氣化不會遵循由大型發電廠提供集中型電力的二十世紀西方模式，而是讓小型太陽能、風能、地熱發電廠更加分散地混合分布。這種模式也需要分散型儲能，而且每座城鎮都可以在太陽能電場旁裝設重力電池。重力儲能的橋頭堡是南非，該公司正在與當地的能源供應商合作。南非有一項雄心勃勃的再生能源計畫，地點在一座煤礦遺址，那裡有一些深達三公里的礦井，不過當地的電網很脆弱，高峰時段停電已是家常便飯。

「在重力儲能公司，我們正在努力讓目前沒有電網的貧困地區能夠開燈。非洲可以採用不同的做法。使用壽命很長的分散型儲能系統可以提供機會來建造完全為太陽能和風能設計的電網，而且與複製歐洲或北美電網基礎設施相比，這種做法需要的成本遠遠更低。」

理想目標

高效儲能對於再生能源發電的完整運用至關重要。高效儲能加上核能可以淘汰化石燃料發電廠，並減少其產生的溫室氣體排放總量的二五％。

如何實現

大規模投資各種儲能形式，包括重力電池、液態空氣、氫、新型氨電池、儲熱。

附加效益

・南半球國家具有可靠的電力供應。

・能源及相關產業的高科技、高技能工作。

4 隨風飛揚

Blown Away

我喜歡蝙蝠，牠們具備隱密又神祕的特質、夜「視」超能力，而且牠們的臉就像獅子和狼人的混合體。我也喜歡風機，因為它們正在崛起，成為最便宜且最強大的氣候變遷抑制工具之一。可惜兩者合不來。光是一架風機每年就能殺死數百隻蝙蝠，一座風場每年能殺死數千隻。不過，蝙蝠也會損害風機的使用機會，因為試圖保護蝙蝠的人可能會阻擋風機的開發，或堅持長時間關閉風機。胡伯特・拉格朗日（Hubert Lagrange）跟我一樣對兩者都抱有熱忱，但他已經為了解決這個問題而有所行動。

他說：「我們的科技已經挽救數千隻蝙蝠的生命，而且透過維持風機的運轉，我們也已經減少數千公噸的二氧化碳。」

胡伯特在八歲時第一次遇見蝙蝠。當時他在法國第戎（Dijon）附近，蝙蝠在他祖母的穀倉裡四處飛行，他幼小的耳朵可以聽到大型蝙蝠發出的超音波喀答聲。

「牠們很神秘，而且小時候的我想要仔細觀察各種事物。在黃昏時，我可以直接看到牠們，我會扔出大小跟昆蟲差不多的石頭，牠們會努力抓住這些石頭。有一次我甚至拋出末端綁著飛蠅餌的釣魚線——當然是沒有鉤子的。」

他後來創立「Sens Of Life」公司（按：sens為法文，意思是感知、意義等），這是一間致力於為蝙蝠、鳥類和風電產業提供保護解決方案的工程顧問公司。

不幸的是，蝙蝠似乎會受到風機吸引。科學期刊《自然》（*Nature*）上最近一項研究發現，歐洲家蝠（pipistrelle bat，最常見的蝙蝠之一）在風機周圍時，比在附近沒有風機的地點還要活躍三七%。一般認為，這些巨型風車散發的微微熱量會吸引昆蟲，蝙蝠因此緊隨其後，但蝙蝠的死因是個謎題。風機葉片尖端能以超過時速三百公里的速度旋轉，所以碰撞似乎是可能發生的情況，但在風機下方發現的死亡蝙蝠並沒有受到撞擊的跡象。真相非常可怕：牠們的肺爆炸了。旋轉中的風機葉片會在凸面（convex side）產生非常低壓的包覆層，最厚可達一公尺。蝙蝠飛進去之後，就會像潛水員太快浮出水面般血管爆裂。牠們的超音波導航或許能看到葉片，卻無法察覺伴隨葉片而來的死亡區域。

傳統上，解決這個問題的方法是禁止在蝙蝠數量很多的地區建造風場，或是堅持在蝙蝠最活躍的時候關閉風場——用業內術語來說就是「降載」（curtail）。降載時間通常是微風吹拂且氣溫適中的夜間，加總起來代表一間風場每年可能會損失一〇%的電力。這對於風場是相當大的打擊，可能會影響風場在某些地方的可行性。

胡伯特的公司運用超音波偵測器來掃描蝙蝠，然後將掃描結果跟天氣資料及蝙蝠行為相關知識結合起來。接著，電腦程式會評估風險，如果風險太高，就會透過改變葉片旋角來促使特定風機停止運轉，在大約十五秒內降到「蝙蝠安全」的速度。在日常運轉中，人工智慧負責決策，全程不需要人類參與。透過只有在蝙蝠真正處於危險時才關閉風機，Sens Of Life 宣稱可以將生產損失降到低於一%。

「我們將蝙蝠死亡率降低九〇%。我們可以降低更多，但這樣發電量就會更少。我們需要找到一個平衡點，而我們的平衡點似乎還算公平。」

然而，處於危險的不只是夜間飛行動物，鳥類也很容易受到影響。美國魚類與野生動物管理局（US Fish and Wildlife Service）估計，美國每年有十四萬至五十萬隻鳥因風場而死，但值得注意的是，這個數字遠低於建築、汽車、貓所導致的鳥類死亡數。老鷹和其他猛禽受到的影響似乎比其他鳥類更大，因為牠們大部分的飛行時間都花在獵捕地面上的動物：牠們一直往下看，根本沒注意前方旋轉的葉片。牠們並沒有演化出躲避這種威脅的能力。在美國，如果風場殺死太多鳥，可能遭到罰款數百萬美元或甚至關閉。傳統上，風場會雇用觀察員注意老鷹，並在可能即將發生鳥類撞擊事件時下令「降載」。

不過，結合人工智慧的攝影機如今正在為占據空域的雙方提供更好的解決方案。美國公司IdentiFlight（按：為「識別identify」及「飛行flight」的複合字）設置了攝影機網路，持續掃描風場中是否有鳥類存在。這些攝影機會分析鳥類飛行的速度、位置和軌跡，軟體則已經「學會」辨識不同的物種。這整個過程需要在鳥離風機五百公尺以上時就發生，因為牠們移動得很快。偵測到重要物種處於危險時，附近的風機會自動關閉。初步研究表明，這種方法可以保護更多老鷹，也讓葉片有更多時間維持旋轉。

Sens Of Life 已經在風電與鳥類遷徙路徑相交的地方運用另一套天空掃描系統。位於鳥類遷徙飛行路徑上的風機通常每年關閉兩次，每次十天，這導致大量綠能損失。胡伯特．拉格朗日說，依靠準確的偵測技術，停機時間可以降到每年只需數小時。

因此，這套高科技解決方案將會增加風場的能源產量，同時降低鳥類死亡，這應該有助於減少公眾的反對意見。這些都非常重要，因為風力發電的成長非常迅速。我們已經在〈Bladebug〉（見第一章）介紹過離岸風電，但陸上風電的成長同樣驚人。國際再生能源總署（IRENA）估計，到了二〇五〇年，我們的陸上風能將增加十倍左右。這代表大約五千五百吉瓦的裝置容量，需要的面積則比埃及稍大一點。這項估計假設每年的成長率為七%，看起來或許很快，但其實遠低於過去二十年達到的平均成長率。許多國家的風力發電成本現在都低於市價，所以不需要補助。有鑑於此，這項預測開始顯得相當保守了。

在過去十年內，中國已經成為風電發展最快的國家，其陸上風電總容量目前已經超越歐洲，而美國則位居第三。較低開發的亞洲、非洲和南美洲市場擁有巨大潛力，但即使是北半球國家也離飽和遠得很。就像離岸風機一樣，尺寸對於陸上風機也很重要，因為風在愈高的地方愈強也愈穩定，能為相同的土地面積提供更多電力。因此，老化的小型風機正在被更大的新機種取代。

一架典型的陸上風機可以為一千五百個普通歐洲家庭提供足量電力；一架離岸風機可以生產前者的兩倍電力。它們是我們在對抗氣候變遷時最顯而易見的武器，有些人卻不樂見這種發展。不過，隨著葉片每次快速旋轉時減少的碳排放，風機其實正在保護世界，而非破壞世界。

理想目標

到二〇五〇年，陸上風力發電容量將達到五千五百吉瓦，是現在的十倍，足以減少目前人為溫室氣體排放的一五%左右。

如何實現

· 增加風機尺寸。

· 透過提高熟悉度來增加公眾接受度，並在適當情況下提高地方的所有權或利益。

・進一步減少與野生動物的衝突。
・增加電網的儲電容量，以容納更多樣的再生能源。

附加效益

・加強對野生動物的保護。
・為缺乏化石燃料資源的國家提升能源安全。

5 滾燙的太陽能
Scalding Solar

如果有人註定要成為富有創意的工程師，那一定是費薩爾・加尼（Faisal Ghani）。

「只要想到我的工作是使用九千三百萬英里之外的恆星能量，我就覺得好酷。我仍然對這件事感到興奮不已——我想這代表我真的是個書呆子。十二歲的時候，我在雪梨的學校做了一個太空探測器，還搭配發射火箭跟太陽能板。但是有個老師移動它，然後它就在教室裡停止運轉了。」

他現在是在蘇格蘭丹地市（Dundee）工作的太陽能先驅，而且他顯然同時具有諷刺及樂觀精神。他說：「如果我的發明能在這裡奏效，那我們就可以在全球大部分地區推廣。」

我們在他的倉庫見面，那裡裝滿了堆放在載貨棧板上的扁平包裝箱，即將運往非洲。每個包裝箱的面積大約〇．五平方公尺，重量只有十公斤。包裝箱的內容物可以在幾分鐘內組裝成一個四角錐金字塔，它的側面是玻璃材質，裡頭則有盤繞成錐形的黑色管子。這種金字塔能將陽光轉化成熱水。本章介紹的是熱，而不是電。「在非洲的陽光下，光是一台裝置就能在一天內把七十五公升的水加熱到五〇℃。」

將陽光轉化為熱能就是所謂的太陽熱能（solar thermal），比起將陽光轉化為電力要高效得多。目前的光電板只能使用大約二〇%照射在光電板上的能量，卻有超過五〇%的能量可以轉化為熱能：費薩爾．加尼的太陽能金字塔「SolarisKit」可以用簡單、便宜又帶有十足美感的方式產生太陽熱能。他是這麼說的：「我們精心設計出這種裝置的構造。最初的版本有十四個螺栓和螺帽，但現在這個只需要夾在一起就好。你可以在二十分鐘內建造完成。我們希望以每個一百英鎊左右的價格出售，而且它們能跟現有的水箱搭配使用。」

歐洲的露營場地及度假園區都對這項科技很有興趣，但費薩爾和他的團隊真正感興趣的是在貧困國家的部署，特別是非洲。南半球國家的碳排放成長最快，對切實可行的低碳解決方案也有迫切需求。SolarisKit 團隊在盧安達有合作夥伴，當地的研究顯示，超過四分之一的家庭收入用於將水加熱來洗澡及清洗。太陽熱能對非洲來說並不新，你可以在南非相當基本的住宅屋頂上見到管子和水箱，不過費薩爾・加尼表示，這些系統大多是為歐洲開發的，而且仍然非常複雜又昂貴。他說：「可負擔又簡便才是部署的關鍵，在南半球國家尤其如此。但媒體甚至其他工程師往往對簡單的氣候變遷解決方案抱持勢利的態度。他們認為人工智慧、大數據和『物聯網』更『性感』。我衷心認為，像我們這樣的解決方案才會產生最大的效應。」

國際再生能源總署表示，太陽能具有巨大的成長潛力，而且儘管費薩爾・加尼的熱水金字塔是家庭規模的天才設計，但太陽熱能也可以是非常高科技的產品。

比利時公司 Azteq 正在從法蘭德斯（Flanders）的田地、停車場和碼頭龍門起重機取得熱能。該公司的技術類似光電陣列與滑板U型池的結合。光電陣列其實是由六公尺寬、通常一百二十公尺長的拋物面鏡構成。這條拋物線會將陽光反射到位於焦點的管子，管內有一條通道，注滿了一種特殊的油，用於吸收及輸送熱能。每一組拋物面鏡陣列都會隨著太陽進行東西向轉動。如此一來就能供應達到四〇〇℃（七五二℉）的熱能。這種集中式太陽熱能的簡易版已經存在好幾年，但大多侷限在每天都有日照的沙漠地區。透過提高效率並結合儲熱技術，Azteq已經讓這種設計適用於更加多變的北方氣候。

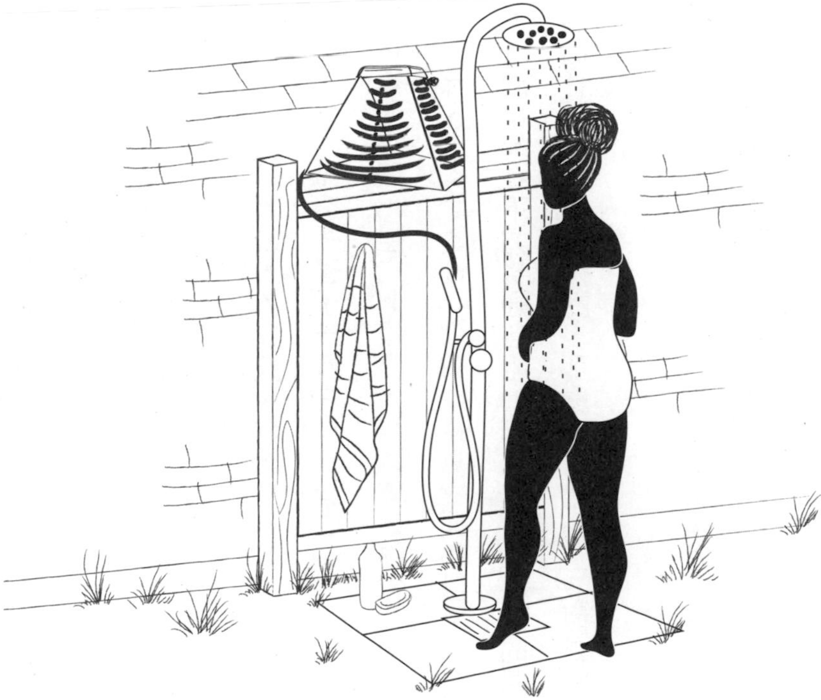

其共同創辦人彼得・范德爾岑（Peter Vandeurzen）見到非常多應用方式，在歐盟尤其如此。歐盟已經設立一項減少碳排放的目標：到了二〇三〇年，碳排放會比一九九〇年降低五五%。「許多大量熱能使用者發現，改用電力並不可行，所以讓電力部門變環保也不會有幫助。我們提供低碳轉換方案給傳統上使用燃氣鍋爐的化學公司、啤酒廠、食品製造商和區域供熱系統。前幾天比利時遇到寒流，天氣依然晴朗，但氣溫降到負一五℃（五℉），而這些管子一直在瘋狂產生熱能。」

就像太陽能電板一樣，它們確實需要空間，但它們很輕，可以安裝在屋頂或支撐在龍門起重機上。安特衛普港（Port of Antwerp）就有兩排拋物面鏡傲然矗立在碼頭上方。汽車、卡車甚至火車車廂都能在下方暢通無阻。如果你擔心路過的鴿子會在誘人但溫度高達四〇〇℃的欄杆上棲息時燙傷腳，那麼不用擔心，液體是在真空包裹的雙層管道中流動。

在再生能源科技領域中，太陽熱能的成長在最近數十年內受到相當大的窒礙，而太陽電能卻獲得豐富的投資及發明。不過，隨著我們逐漸發覺氣候友善型經濟無法在缺乏脫碳熱能的條件下起飛，彼得．范德爾岑也認為整體現況將會改變。他早期的職業生涯是在數位部門工作，而他也發現兩者的相似之處。他說：「這就像二十五年前的網際網路。我們正站在下一個重大變化面前。就像那時候一樣，我玩得好開心！」

我自己也經歷過這段旅程，只是規模小得多。十年前，我在蘇格蘭西部群島（Western Isles of Scotland）的一間房屋拆除了燃油加熱設備。為了加熱水，我在屋頂上安裝太陽熱能系統，並在屋內安裝一個更大的水箱。這套系統會加熱水，多餘的熱能則會進入幾個散熱器。結果令人震驚：這套系統的價格大約是安裝太陽光電板的一半，卻可以提供超過兩倍的能量。雖然我確實只能用它來加熱，但加熱這件事在赫布里底群島（Hebrides）乃至全世界都非常重要。

理想目標

透過廣泛採用太陽熱能作為家用及商用熱源，溫室氣體排放可減少四%。

如何實現

教育：終結太陽熱能的「灰姑娘」狀態。

法規：設立規定來限制高碳加熱系統，並獎勵再生能源系統。

發明：設計可使用一整季的儲熱槽，以及將太陽熱能和熱門科技整合的方法。

附加效益

減少貧困國家為了燃燒木材造成的森林砍伐和空氣汙染。

6 核能選項

The Nuclear Option

「我已經從製造逆轉禿頭產品轉為製造逆轉氣候變遷產品了。」這就是伊恩．史考特（Ian Scott）的職業歷程，他曾經是消費品巨頭聯合利華（Unilever）的首席科學家，如今是一種新型核子反應爐的推手。莫爾泰斯（Moltex）的穩定鹽反應爐（stable salt reactor）可以使用核廢料來運行。該公司宣稱，你可以一邊看著裸露的爐心一邊野餐，而且他們的目標是讓這種科技成為比天然氣還要便宜的電力來源。

讓我們先退後一步，談談大家經常視而不見卻涉及放射性的問題：零碳世界到底需不需要核能？許多人都認為核能科技很危險，核能似乎愈來愈昂貴，而且會留下延續數代之久的有毒廢棄物。然而遺憾的是，我們最便宜、成長最快的再生能源——太陽能和風能——就像天氣一樣無法控制。雖然地熱或潮汐是恆定或非常穩定的再生能源，但它們受限頗多、未充分發展，而且目前還很昂貴。正如本書之前所討論，儲能正在興起，但仍缺乏長時間供電所需的原始能源容量。切實可行、令人滿意且具有成本競爭力的核能源會讓零碳未來更有可能成真。

莫爾泰斯已獲選在加拿大東部紐布朗斯維克省（New Brunswick）建造一座以熔鹽反應爐（molten salt reactor）提供動力的新核電廠。最終成本將會是十二億美元左右，預計在二〇三二年完工。伊恩・史考特深信，這項科技將會改變整體情勢。他說：「氣候極有可能出現非常嚴重的問題。如果我們不能讓核能提供大部分的能源，就會陷入嚴重的困境。」

伊恩在英格蘭東北岸的工業區長大，他的父親在當地的鋼鐵產業工作。他獲得劍橋大學的獎學金之後，在一年級學習粒子物理學，然後他發現自己的數學太差，所以轉修生物科學。他在化妝品和保養品領域的職業生涯過得有聲有色，並在二〇〇〇年代初期退休。

「我的退休生活過得很開心，但後來我看到英國政府承諾支付給新核能發電機的每單位電費，居然比我為自家帳單支付的還多。」我們大多數人聽到這種事只會疲憊地聳聳肩，但伊恩不一樣，他說：「這吸引我再度關注核能問題，因為如果核能還是這麼昂貴，我們就永遠不能改善氣候變遷的問題。」

如今年近七十歲的伊恩．史考特正在倡導一種新型發電反應爐，而要理解這種反應爐，就需要了解一點核子物理學。

所有核電廠都使用原子反應產生的大量熱能來製造蒸汽，以驅動渦輪旋轉發電。最常見的是壓水反應爐（PWR）。英國正在建造的新發電廠就是使用一種進階型壓水反應爐作為爐心。值得指出的是，如果以每單位能源導致的死亡人數來衡量，核能是迄今為止最安全的電力來源。核能的死亡率是煤炭的千分之一，也比石油低三百倍。不過，正是害怕**可能**發生的事，才推動了對核能的審判。

在壓水反應爐中，原子反應發生在陶瓷性鈾燃料丸內，產生巨量熱能及加壓氣體。這些產物被裝在金屬管內，浸在水中，而水本身會變得非常熱，達到三〇〇至三五〇℃（五七二至六六二℉）。當然，在正常條件下，水會在一〇〇℃

（二一二℉）時沸騰，所以為了避免這種情況，這些水會在鋼筋混凝土建造的腔室內承受巨大壓力。正是這樣的壓力，讓壓水反應爐有很高的危險性，只有透過昂貴的圍阻及冷卻才能保持安全，而根據伊恩．史考特的說法，熔鹽反應爐從本質上就是安全的設計。事實上，這種反應爐非常安全，所以早在一九五〇年代就有人首次建議用於核子動力飛機，因為飛機可能墜毀，而我們不能容許毀滅一座城市的飛安事故發生。

在熔鹽反應爐裡，鈾或釷等放射性元素被保存在液態氯化鈉溶液中。熔鹽也可以冷卻爐心，並將熱量轉化為蒸汽來驅動渦輪。它最大的優點是不需加壓圍阻也能於高溫中保持液態，而且產生的放射性氣體遠遠更少。如果你站得太近，依然會暴露到致命劑量的輻射，但熔鹽反應爐永遠不會毀滅一座城市或汙染一塊大陸。

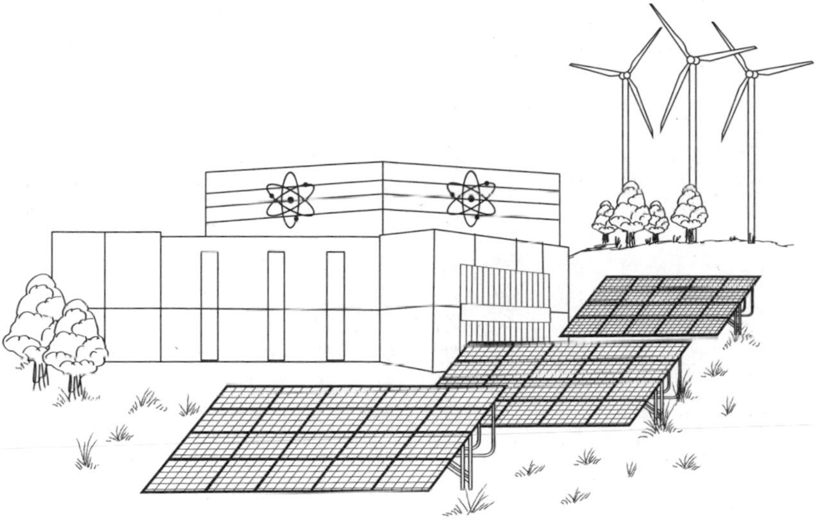

「我們試著用電影來類比熔鹽反應爐吧。」伊恩建議說，「壓水反應爐就像《侏羅紀公園》（*Jurassic Park*）裡的超級霸王龍：只有用堅固的籠子才能保證安全，如果圍阻失效，附近就要遭殃了。我們的熔鹽反應爐就像沒有腿的霸王龍。你不會想走到牠身邊，但牠永遠不會暴衝並威脅任何人的安全。如果我們的反應爐停電，而且所有工作人員都離開了，它也只會逐漸冷卻並關閉。它的設計本身就很安全。」

核能安全當然是好事，但熔鹽反應爐還可以很便宜。傳統的核子反應爐之所以如此昂貴又龐大，正是因為具備超級強大的工程和多重故障安全機制。伊恩・史考特認為，廉價是核能得以成功的唯一途徑，風能和太陽能同樣只在價格下降時才開始加速推廣。莫爾泰斯反應爐還有其他吸引人的特點：它可以由高放射性核廢料提供動力（目前這些核廢料的儲存成本非常高），而且它本身產生的廢料也具有更低的放射性。此外，莫爾泰斯反應爐會在六〇〇℃（一一一二℉）以上的溫度產生液態鹽，這樣的高溫足以在沒有複雜電解作用的情況下，將氫從水中分離出來，而正如我們所見，氫本身就是零碳世界的重要燃料之一。

莫爾泰斯的設計並不是核能領域中唯一的新科技。勞斯萊斯已經從英國政府獲得數億英鎊，用於開發小型模組反應爐（small modular reactor）。他們認為，歸功於以生產線系統建造的經濟效益，這類反應爐可以變得很便宜。

那為什麼這些潛力十足的新想法需要這麼長時間才能實現呢？熔鹽反應爐確實存在其特有的風險，包括重要零件可能腐蝕、使用廢料當作燃料具有挑戰性，而且所需的控制系統工程大多尚未在核電廠環境中經過實證。但伊恩・史考特認為，除了這些風險，還有思維方面的阻礙。儘管核能在表面上已經相當成熟且現代化，但其實這個領域非常抗拒創新。我曾參觀過一些核電廠，廠內的儀表板、開關設備、控制室都會讓你感覺彷彿置身於好萊塢的老式科幻電影場景。成本數十億英鎊的壓水反應爐就是古老格言「寧可跟熟悉的魔鬼打交道」的昂貴體現。新型壓水反應爐的設計已經大幅改善安全裕度，但伊恩．史考特質疑，當本質上更加安全的設計已經出現時，這種如同關在籠中的威脅到底是否應該獲得監管部門的批准。他在結束消費品產業的工作生涯後，發覺自己對原子領域相當陌生。「能夠引進外界的看法來探討我們可以用快速且創新的方式做什麼事情，是很大的優勢。我認為，核子工業廣泛的態度是『感謝老天，有人正在嘗試這麼做，但他不知道這會有多難。』」

莫爾泰斯團隊知道，在他們的熔鹽反應爐擁有安全運轉的紀錄前，監管部門和大眾仍會抱持懷疑態度。不過，考慮到伊恩．史考特想要提供廉價核電的堅定決心，他很有可能會成功。

理想目標

在二〇五〇年前取代所有燃煤發電廠，這些發電廠目前產生大約二二%的溫室氣體排放。這將會需要現有核電容量的三倍以上。

如何實現

科技和政策：新型核子反應爐（例如熔鹽）將需要安全性紀錄、經濟實惠的成本，以及監管部門的批准。

相容性：確保核電可以和儲能、氫產出、熱電共生等其他低碳解決方法協同運作。

安全：確保核材料及發電廠不受敵對勢力的侵害。

態度：說服某些環保人士接受原子能，而不是將其妖魔化。

附加效益

- 處理現有核廢料。
- 減少燃煤造成的空氣汙染。

7 有用的氫

Helpful Hydrogen

氫是宇宙中數量最多的元素，而且可以拯救我們所在的宇宙一隅。氫的作用機制與化石燃料相似，因為它也是與氧結合來產生能量，但它沒有化石燃料的致命缺陷：這項反應不會排放溫室氣體。這個化學式裡沒有碳，只有氫加上氧產生 H_2O，也就是水。在當前的二〇二〇年代初期，公司、政府和投資人正在向氫蜂擁而來。

但是，如果氫這麼棒，為什麼我們會花這麼長時間才意識到它的吸引力呢？答案有三分之二是稀缺性，三分之一是歷史因素。儘管 H_2 是最簡單的分子，占已知宇宙的七〇%，但在地球上幾乎不存在它的純態。它具有很強的化學吸引力，容易跟許多其他元素結合，尤其是與氧結合形成水。氫氣也很輕，只有空氣密度的七%，如果沒有裝在容器裡，它就會向上散逸。這種浮力能夠讓二十世紀初的巨型飛船飄浮在空中，但氫氣的不穩定性也讓這些飛船走向必然的消亡：英國的 R101

號飛船和德國的興登堡號飛船都在墜毀到地面時變成一團火球，與許多條人命一起湮滅。後者的爆炸過程有影像紀錄，因此在大眾的想像中埋下了一個經久不衰的公式：氫＋人類＝危險。

氫會開始復興，是因為另一種飛行形式背後的科技——太空飛行。燃料電池自一九六〇年代開始為美國太空總署（NASA）的太空艙提供動力，而這種電池的重要成分是氫。燃料電池的發電機制是透過電化學反應而非燃燒，氫跟氧結合後會產生電、熱和水。

克瑞斯能源（Ceres Power）是一間在二十年前從倫敦帝國理工學院（Imperial College）分拆出來的英國公司，目前處於為住家、企業、交通運輸開發及部署燃料電池的最前沿。

「這是一個時機已經成熟的想法。」執行長菲爾・考德威爾（Phil Caldwell）說，「許多人曾經認為，我們可以用再生能源電力拯救世界，再生能源電力確實非常重要，可是我們依然有四分之三的能源來自化石燃料。這屬於化學能源供應，但我們可以改用氫來脫碳。」

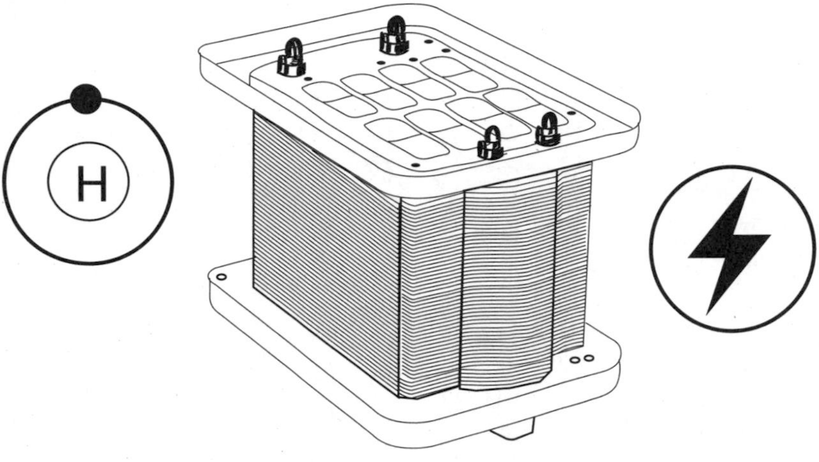

即使考慮到再生能源電力的快速成長，仍有許多工作需要仰賴化學燃料這種以分子而非電子為基礎的能源，包括工業製造、煉鋼、水泥廠、肥料廠、重型運輸及航空。氫是氣候友善型解決方案，而全球也已經意識到這一點。

「如果你在我們當地飯店的櫃台安裝一台網路攝影機，你就會看到各國人士來這裡了解氫能夠做什麼。十年前，感覺像是我們在努力推動這項科技，現在則是顧客在推動。」

克瑞斯的產品「Steel Cell」如今已經在德國獲准製造，也已經簽署在南韓及中國生產的合約。這是一種由鋼及陶瓷構成的多層三明治，並經由與顧客的互動做了改進。克瑞斯的科技長馬克・塞爾比（Mark Selby）認為，這種介於發明和應用之間的雙向管道至關重要、必不可少，而且能創造價值。他說：「沒有一項發明者直接發明的新科技是低成本、耐用又受歡迎的產品。新科技一定需要透過實際使用來改進，並透過生產規模來提高效率。太陽能板和電池就是如此；燃料電池現在也在經歷同樣的過程。」

實際上，燃料電池就是迷你發電所，愈來愈多辦公室、住宅區和企業都使用燃料電池來發電及供熱。資料中心是現代世界的數位大腦，也是燃料電池最熱情的客戶之一。許多大型科技公司都非常熱衷於減少能源足跡，而他們最大的恐懼是停電。由天然氣網供能的燃料電池正好符合他們的需求。

「等等，」你一定在想，「我剛才是不是看到**天然氣**網？這跟環保有什麼關係？」

這就是燃料電池的狡猾之處：它們與目前的天然氣管線系統一起運作，又將與未來的氫一起運作。在供應天然氣的情況下，燃料電池產生的二氧化碳比傳統天然氣鍋爐和市電少三〇%至五〇%，而且這些燃料電池將會與零碳的氫一起運作。用業界用語來說，它們已經「氫能就緒」（hydrogen ready）了。

不過，由於地球上沒有純氫，所以必須由我們製造，而燃料電池科技也能在此處派上用場。基本上就是反轉之前提到的化學反應式，並使用電將水（H_2O）分解為氫和氧。只要電力來源是零碳，例如風能和太陽能，那麼由此產生的氫就不會助長全球暖化。丹麥正在計劃建造一座大型離岸風能電解廠，預計到二〇三〇年，該廠每年可供應二十五萬公噸的氫燃料，用於公車、卡車和飛機。德國也計劃建造一座電解廠，它的二〇三〇年目標供應量比丹麥大了將近五倍。即使是石油資源豐富的波斯灣國家，目前也在考慮使用他們得天獨厚的另一種自然資源——陽光——來為大規模太陽能製氫業提供動力。

比起從水分離出氫，從甲烷分子（CH_4，又稱為天然氣）分離出氫是更容易獲得氫的方法，這也是目前大多數氫的製造方式，因為這種方法是化學肥料廠的核心程序，而且已經使用一百年了。不過，甲烷是一種**碳**氫化合物，所以這個程序會排放二氧化碳廢氣。如果像幾乎所有肥料廠一樣，直接把二氧化碳廢氣釋放到大氣中，那麼製造出來的氫就對氣候沒有任何益處了。不過，如果結合新興的碳捕集和儲存科技，這項科技就可能成為大量氫氣來源，吸引美國、挪威、英國等已經在天然氣領域建立基礎設施及工作的國家。

將電力轉化為氫然後再反轉回去，會產生財務成本及效率損失，但這些缺陷正在穩定縮小，而且許多觀察家都認為，我們正在進入一個電化學世界：在這個世界裡，能源會依據需求定期轉換成不同形式。

另一種方法是將氫直接輸送給顧客。如果我的中央暖氣鍋爐是用氫來運轉，它就是零碳設備。遺憾的是，天然氣網不是為輸送純氫氣而建造的：氫氣會削弱鋼管，有些接頭也無法阻止這麼小的分子洩漏出去。但我們可以把純氫氣與天然氣混合。英國潔淨燃料公司 ITM Power 認為，我們可以把二〇%的氫氣加入天然氣網而不會洩漏，也不需要更換炊具或鍋爐。

那從前那些飛船呢？氫真的安全嗎？如果比起大部分時間都在我們身邊的天然

氣或汽油——是的，氫是安全的。因為氫氣比空氣輕十四倍，所以會迅速向上散逸，而不是像液態燃料甚至是天然氣一樣聚集在地面上，然後在火花點燃時把房子炸得四分五裂。此外，氫的爆炸力也遠遠不及常見的化石燃料。我們對氫的猜疑只不過是對未知的恐懼，因為一段強烈的歷史形象煽動而出現。我們需要克服這種猜疑，因為氫是未來的燃料。

理想目標

在二〇五〇年之前讓重型公路運輸（卡車和公車）改用氫，減少六％的排放。使用氫來穩定替代天然氣網中的化石燃料並投入工業用途，可以至少再減少一〇％的排放。從太陽能和風能製造氫，將會對再生能源儲存至關重要。

如何實現

- 完成化石燃料發動機和基礎設施的重新設計與重建。
- 大眾能夠承受較高的能源價格。
- 大量投資透過電解產生清潔氫的產業，以及從天然氣中分離氫之後所需的碳捕集和儲存產業。

附加效益

- 更乾淨的空氣。
- 能源產業與相關產業的巨大就業潛力。

8 太陽能熱潮
Solar Flare

現在，太陽能是史上最便宜的電力來源。根據國際能源署的資料，如今太陽能可以用每千度二十美元的成本發電。這代表如果你在一般的英國房屋內插電，而且只需要支付批發價，那麼你的年度電費將會是三十美元左右。在二〇一〇至二〇二〇年間，全球太陽能發電容量成長了三十倍，達到六百吉瓦，這個數值已經超過美國電力需求的一半。二〇二〇年五月三十日，太陽為英國這個以雨傘而聞名的國家提供了三分之一的電力需求。太陽能是再生能源發電中成績優異的孩子，但它的學校成績單上依然寫著「還能做得更好」。

太陽能的成功來自太陽能板製造成本的大幅下降。太陽能的燃料——陽光——是免費的，所以太陽能電力的價格取決於製造和安裝設備能有多便宜。第一個太陽能（嚴格說起來是太陽光電）電池是在一八八三年發明的，但實際用途非常少，直到後來才因為可以為衛星供電而在太空競賽中備受青睞。在一九七〇年代和一九八〇年代，當中東戰爭提高化石燃料價格而導致石油危機時，也進一步引起人們對太陽能的興趣。到了二十一世紀初，由於對再生能源的需求不斷增長，因此推動西門子（Siemens）和松下電器（Panasonic）等大型電子公司製造太陽能產品。不過，中國太陽能產業的影響力和規模才是真正削減價格及提高安裝量的主因。

電池本身的技術或效能在近年來沒有太大變化。電池的核心成分是一層矽，這是一種具有晶體分子結構的半導體，能夠將來自陽光的光子束轉換為傳輸電流和電壓的電子流。對於世界各地目前部署的大多數太陽能板而言，只有大約一五%至二〇%的太陽能真的轉化為電力，這個數字在過去二十年內並沒有太大變化。

亨利・西奈斯（Henry Snaith）和他在牛津光電（Oxford PV）的團隊可以做得更好。他說：「在接下來十年內，我們將看到太陽能部署的大幅成長，而我們迫切要做的是讓我們的科技乘勢而起，並推動這股浪潮。我們必須以經濟上能自給自足的費率提供光電發電，不只是在陽光最充足的地方，而是在全球各地。」

西奈斯是物理學教授，曾連續獲得多個科學獎項。他和他創辦的公司正在致力於提高太陽能電池的效率。重點就是光譜。陽光是由不同波長的光組成，也就是彩虹的不同顏色：紅、橙、黃、綠、藍、靛、紫。矽只對光譜的紅端產生反應，而其餘陽光的能量大多以熱能的形式損失掉。西奈斯的想法是將矽結合另一種可以利用光譜藍端能量的材料，然後就可以從每片太陽能板獲得更多清潔、環保的電力。那麼，在這齣充滿能量的雙人表演中，吸收陽光的新人是誰呢？鈣鈦礦（perovskite）。

鈣鈦礦是一種天然存在的礦物，成分為鈦酸鈣。它起初是在烏拉山脈（Ural Mountains）發現的，並以俄國礦物學家列夫・佩羅夫斯基（Lev Perovski）的姓氏來命名其英文名稱。它也是一類具有此晶體化學結構的半導體名稱，能夠在實驗室中製造，而且所需的能量遠少於製造太陽能板等級的矽。鈣鈦礦在太陽能板的潛力已經為人所知好幾年，有幾間公司正在爭相將鈣鈦礦的生產商業化。牛津光電的串疊電池是由鈣鈦礦和矽如三明治般堆疊製作而成，目前已經達到二九%的效率，是普通太陽能板的一・五倍。理論最大值則是四五%。

「這些鈣鈦礦才剛在產業中興起。它們剛從實驗室出來，我們正努力在很短的時間內達到製造階段。大多數業內人士認為鈣鈦礦將在五到十年內進入市場。我們要向大家展示，鈣鈦礦如今已經正在進入市場。」

牛津光電將於二〇二二年初在德國一間工廠開始商業化生產。西奈斯承認，起初他的太陽能板比單矽晶太陽能板更昂貴，因為鈣鈦礦太陽能板還沒有規模經濟，而且他預估不會很快就看到它們覆蓋太陽能場的大片土地。不過，在空間有限且安裝成本可能很高的環境，例如屋頂，「高價格／高效能」的模式會有很好的效果，因為這種模式可以更快獲得投資回報。

鈣鈦礦電池的另一個疑問是使用壽命。矽晶太陽能板非常堅固，即使使用二十五年，效能通常也只下降不到二〇%。西奈斯從一開始就知道，讓鈣鈦礦太陽能板保持穩定是非常重要的。他表示，他的公司一直著重在簡便的製造、穩定的使用，以及出色的技術效能。在鈣鈦礦太陽能板能夠在現實世界中證明耐

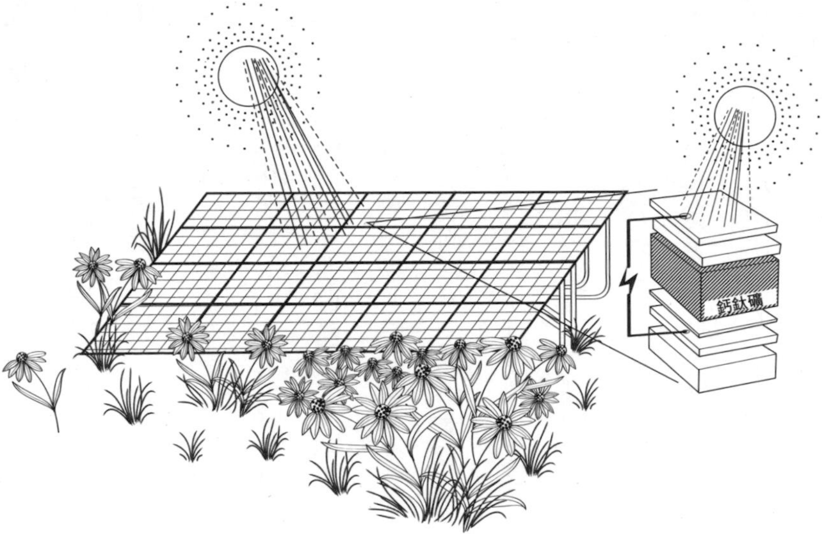

用性之前，這些新產品必須仰賴瑞士國際電工委員會（International Electrotechnical Commission）的認證，其中包括在八五℃（一八五℉）暴露一千小時，然後冷卻至負四〇℃（四〇℉）。到目前為止，牛津光電的太陽能板已通過所有測試。

鈣鈦礦的另一個優點是可以製作成超薄層，並用於彈性材料上，甚至是依然透光的玻璃上。窗戶塗層的效率會降低大約一〇％（畢竟需要透光），但這類塗層可以運用在摩天大樓閃閃發亮的表面上。這並不是牛津光電的研發重點，但西奈斯樂見更多人投入鈣鈦礦領域，因為太過不同尋常的策略往往會讓投資者感到緊張，而一小群鈣鈦礦團隊則能夠使這種材料更有機會加速本已蓬勃發展的產業。

西奈斯說：「這是很關鍵的任務。目前我們只從太陽能產出整體能源需求的一小部分而已。我們即將過渡到大幅改進的科技，以便大量降低碳排放。」

幅度到底多大呢？目前預計太陽能將在二〇五〇年之前成長十四倍，而且在使用現有矽晶電池的情況下，應該能讓我們的碳排放總量減少一二％。如果這些電池都由鈣鈦礦串疊電池取代，這個數字可能會增加到一八％，而且要是太陽能板如西奈斯預測的那樣再度提高效率……誰知道呢？總之，未來一片光明。

理想目標

透過運用更高效的太陽能板，可以在二〇五〇年前消除一八％至二四％的人為溫室氣體排放。

如何實現

研發：增加對鈣鈦礦太陽能板和進一步創新的投資，以便從太陽獲得更多電力。

部署：規劃當局需要更加堅持新建築應該具備太陽能屋頂。

負擔能力：太陽能板的價格持續下降。

附加效益

- 更乾淨的空氣。
- 創造高科技就業機會。
- 南半球國家可負擔的電力。

自然

Nature

9 曼妙的海草

Sublime Seagrass

十月中旬時，風向已經轉往北方，吹進海灣口。風讓空氣變得清新，但洶湧的海浪攪動淤泥，使海洋變得一片混濁。這就是我正在凝視的海水，而我正努力在蛙鞋下方尋找草，生長在海底的草。更準確地說，我正努力在這片水下草坪中尋找裸露的區塊，因為我的身邊是一群正在種植海草的科學家。我們都穿著潛水服，在波斯蒂倫（Porthdinllaen）邊的水中浮浮沉沉。這裡是威爾斯西北部麗茵半島（Llŷn Peninsula）的一處陡峭露頭，看起來就像是魚鉤上的倒刺，而英國最大的海底草地也位於此處。

天氣晴朗時，清澈海水之下的海草看起來就像一片鬱鬱蔥蔥的夏日草地，大約三十公分長的鮮綠葉片在水流中輕輕搖曳。就像陸地上的草一樣，海草也依靠光合作用生長；它有花、花粉和授粉者，不過在溼答答的海底，授粉者是甲殼動物而非昆蟲。海草也是一個巨大且有潛力繼續成長的碳儲庫（carbon store）。以每公頃計算，有些海草床吞噬溫室氣體的速度被認為是熱帶森林的三十五倍。海草床只覆蓋海底的五百分之一，卻可以吸收海洋中一〇%的碳。對於擴大這麼重要的碳儲庫而言，在狂風大作的天氣潛入冰冷的海水似乎只是很小的代價。

海草喜歡在大約一至五公尺深的沙地或淤泥上生長，但如果有更清澈的海水和明亮的陽光，讓足夠的光線照射到葉子，那麼海草就可以在更深的地方生長。這些植物從前曾在海灣和河口形成廣闊的綠色邊際，但至少在北半球，海草已經因為汙染、疏浚和娛樂活動而大幅減少。舉例來說，英國可能已經失去九〇%的海草。世界資源研究所（World Resources Institute）估計，在應對氣候變遷時，保育和復育海草床是最有效的海洋解決方案之一。

理查・安斯沃思（Richard Unsworth）在深及胸口的海中涉水而行，偶爾俯身檢查海底。他是海草計畫（Seagrass Project）的一員，該計畫是位於威爾斯斯萬西（Swansea）大學及卡地夫（Cardiff）大學的慈善組織。理查的身邊漂浮著一張充氣台，上面放了幾袋種子。每一個老鼠大小的麻袋中都裝有大約五十顆混雜沙子的種子。它們是透過採摘富含海草的萊姆綠色長種莢（seedpod）而精心收集的。理查找到適合種植的位置後，會拿起一個袋子，用一根小木樁將袋子固定在海底。他覺得這份專業工作跟園圃植栽很類似。此處海草遭受破壞的主因是拖曳的船錨會在海草地上犁出一條溝，或是擺動的繫泊鏈會刮擦海草。這種破壞需要修復。

在威爾斯的另一項復育計畫中，他的團隊採取一種更機械化的做法，就是在船的後面綁一根繩子，繩上每隔一公尺就吊一個裝滿種子的袋子，在彭布羅克郡（Pembrokeshire）的戴爾灣（Dale Bay）將繩子沉入水中。繩子和袋子都會腐爛，留下種子生長。這個方法很有效，理查．安斯沃思的「希望種子」已經生根發芽。「我們已經看到我們復育的綠芽向上接觸到陽光。對抗氣候危機和自然危機是很困難的，對於一個擁有年幼孩童的父親尤其如此，但這能幫助我和他們透過這項復育工作來了解海草。」

海草可以非常迅速捕集碳，這種能力源自它的生長方式及其對周遭海水的影響。它透過光合作用生長時，會將海水中的碳吸收到莖葉裡。海草的生長異常迅速，周轉率也很高，所以這些葉片經常會折斷或死亡，然後掉到地上，像森林中的落葉層一樣堆積起來。不過，海草還有一種天賦是陸生植物無法比擬的：它可以透過減緩水的流動來捕捉富含碳的碎屑。強勁的水流遇到茂密的海草地時會受到摩擦力的阻礙，這表示懸浮在水中的沉積物會下降。海藻碎片、海鷗排泄物、微型浮游生物等任何漂浮在水層裡的東西，都更有可能在速度較緩和的水流中沉落。相同的物理原理也會使河流在緩慢蜿蜒流過低地時產生淤積。這些沉積物逐漸與海草的根結合，形成類似土壤的厚厚沉積層，向下滲入海床。在地中海這片海草生長得格外茂盛的海域，這些富含碳的封存庫可能厚達幾十公尺。平均來說，每單位面積的海草床可以封存的碳是森林的兩倍：每平方公里的海草床可以封存八萬三千公噸，而每平方公里的林地則可以儲存三萬公噸。

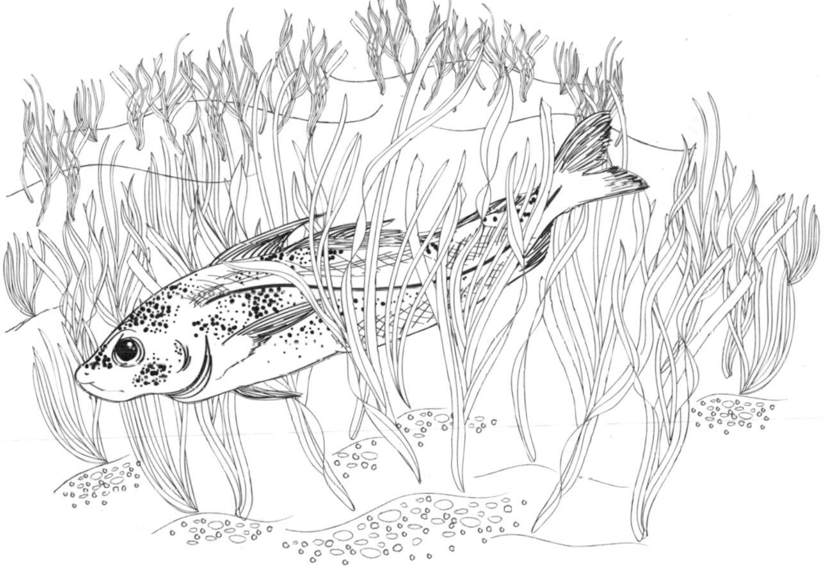

到目前為止最大的海草復育計畫位於美國大西洋沿岸的維吉尼亞州潟湖。在一九三〇年代，一種疾病和一場颶風的疊加效應消滅了美國東海岸大部分區域（包括這些潟湖）的海草，原本成功的扇貝漁業也因此式微。到了一九九〇年代晚期，研究顯示阻礙海草恢復的唯一因素是缺乏能夠散播種子的植株。因此，人們從其他地方採收七千四百萬顆種子，然後在兩平方公里的範圍內選擇許多小塊區域播種。在這項計畫開展二十年後的今日，植株的自然蔓延和種子的散播已經讓這片海草層延伸到超過三十平方公里，也帶來諸多好處。碳和氮以指數成長的速度封存在海草床的沉積物中，海水愈來愈乾淨，野生動物也隨之而來。眾所皆知，海草是至關重要且生機勃勃的棲地。在維吉尼亞州，這代表海灣扇貝、銀鱸、菱體兔牙鯛已經再度出現。在歐洲水域，海草則被視為幼年鱈魚、河鰈、黑線鱈的孵育場。

但遺憾的是，海草地仍然持續消失，海草的全球面積每年會下降大約一・五%。主要元兇是工業和農業造成的汙染流入海中，特別是來自農耕及清潔劑的磷酸鹽與硝酸鹽，這會導致所謂的「優養化」（eutrophication），也就是水中有過多營養素，因而造成海草死亡。全球許多區域的當局都正在努力解決這種汙染，而在歐盟，由於針對工業、農民、自來水公司的規定變得更加嚴格，汙染狀況已有一些改善。這促使許多地方開始進行復育計畫，包括威尼斯潟湖、地中海的巴利亞利群島（Balearic Islands）、斯堪地那維亞周邊水域、波羅的海。英國水域也有改善或復育海草的計畫，包括威爾斯到普利茅斯（Plymouth）、南安普敦（Southampton），以及從艾塞克斯郡（Essex）到蘇格蘭福斯灣（Firth of Forth）的東岸沿海地區。

理想目標

透過重建和擴張海草、鹽沼、紅樹林生態系，在二〇五〇年前讓人為排放的吸收量再增加一至二・五%。

如何實現

・提高針對汙染和濱海開發的管制，加上推行種植計畫，藉此保育及復育數千平方公里的海草。

・保護紅樹林。

・重建鹽沼。

附加效益

・為魚類及其他海洋生物提供更好的棲地。

・商業漁業的資源更加豐富。

・協助濱海社區防範自然風暴和洪水。

10 長毛象任務
A Mammoth Task

歡迎來到一個特別的地方。在這裡，樹木是問題而非解決方案；在這裡，脹氣的反芻動物應該經過培育而非遭受責難；在這裡，我們的氣候友善型假設逐漸消亡。歡迎來到北極。

在可靠的全球學術圈支持下，有一群前衛的俄國科學家正在推廣一項理論，這項理論起初聽起來像是一種褻瀆的想法：如果北極陸地看起來像寒冷的非洲草原，擁有廣闊的草地、一些樹及一群群吃草的動物，就會大幅減緩全球暖化的速度。他們說，人類將長毛象獵捕至滅絕，並把其他大多數大型草食動物逼至絕境之前，北極圈的天然狀態就是如此。如果這些動物集體回歸，將有助於拯救世界。

尼基塔・茲莫夫（Nikita Zimov）負責經營更新世公園（Pleistocene Park）。這座位於西伯利亞東部的公園是由他的父親謝爾蓋（Sergey）所創立，面積為一百四十四平方公里，有馴鹿、麝牛、犛牛、駝鹿、馬及野牛到處吃草。他也希望公園裡有長毛象，但這種動物的重生目前依然屬於科幻範疇。「北極原本幾乎沒有樹，我們應該恢復那種狀態。現在大家視為自然物種的幾乎百分百都是入侵種。人類在一萬五千年前大幅改變了地球，導致大滅絕。樹木也向北方蔓延。」

想知道清除樹木能夠如何改善氣候變遷，你需要先了解北極的熱力學。

在北緯六十度以上，橫跨北美洲、斯堪地那維亞、俄國大片區域的土地都是結凍的。這種永凍層能深達數百公尺，使土地維持冰冷的凝滯狀態。不過，由於人類導致的氣候變遷，北極氣溫的升高幅度大約比工業革命前增加二℃，而且是全球平均值的兩倍。冰層正在失去對土壤的控制，而這些土壤的深處埋藏著泥煤及有機物。這種現象就像你家冰箱停電，微生物會變得活躍，東西開始腐爛，氣體也會散逸出去。廣泛融冰導致的排放會讓大氣每年增加四百五十億公噸左右的碳，約莫等同於全世界多燃燒五〇%的化石燃料，這會引發氣候變遷的惡性循環。這是我們必須不惜任何代價來避免的命運。

樹木的問題在於顏色。綠葉在冬季會變成褐色，這種暗沉的顏色比白雪吸收更多太陽的熱能。除了日照很少的冬季，北極其實相當明亮，特別是在春季和秋季時，白雪覆蓋的地表會將大部分的太陽能反射回太空。但樹木會捕捉更多太陽能，使地面附近升溫。如此一來，北極的空氣會變暖，永凍層也開始融化。顏色較淡的草地，即使在沒有雪的時節，也會比樹木反射更多熱能。如果你在陽光下停放一輛黑色汽車，它會比白色汽車更快升溫。

科學家將這種現象稱為「反照效應」（albedo effect），而且他們也擔心，北冰洋融化後變成深色海域，會比消失的白色海冰捕捉更多熱能。牛津大學的生物地理學家馬克・馬西亞斯—福立亞（Marc Macias-Fauria）說，北極的森林地景比苔原吸收更多能量——在某些月份可以吸收到兩倍的能量。「在北極的大片區域，即使我們考量到鎖在樹木裡的碳，樹木增加仍會促進全球暖化。」

草食動物會撕下樹皮、啃咬樹葉、吃掉樹苗，牠們的數量變多就能減少森林覆蓋面積，但這些有蹄動物還有另一個有益的作用：踩踏雪地。白雪會反射陽光，卻也會為地面保暖。在北極的冬季，氣溫可降至負五〇℃（負五八℉），而穩定的永凍層需要愈寒冷愈好，才能向下滲透。但厚厚的雪層會擋住嚴寒。登山者會挖雪洞來躲避惡劣天氣，溫血的嚙齒動物也能在厚厚的雪層下生存：雪層根本就像是一面**毯子**。不過，馴鹿、西伯利亞馬、麝牛等草食動物會擠壓腳下的雪並把雪推到一邊，才能吃到植被。這麼做能把白色積雪從厚實的羽絨被轉變成磨破的床單，讓地面冷卻得更徹底。透過在更新世公園進行的工作，尼基塔・茲莫夫和同事顯示，在有草食動物的地方，平均土壤溫度會比沒有草食動物的地方低二℃以上。而在地表下二十五公分處，前者的冬季土壤溫度會比後者低一五℃。馬克・馬西亞斯－福立亞說：「在冬季最冷的時節，如果有一群草食動物踩踏雪地，土壤會結凍得更深。這可以協助保存永凍層幾十年。」

不過，那些鎖在樹木中的碳應該有一定的重要性吧？尼基塔・茲莫夫說：「沒有，你完全搞錯了。」他粉碎了另一個先入為主的觀念，以及北極樹木的最後一道防線。如果你把儲藏在土壤中的樹根和陳舊枝葉納入計算，會發現有草食動物的苔原能比森林儲存更多碳，也更不容易受到火災影響。

對於宣稱草食動物具有氣候友善特性的說法，比較有疑慮的是牠們的甲烷排放。馴鹿、野牛和麝牛是反芻動物。因此，跟牛羊一樣，牠們的消化過程會產生大量甲烷，並從嘴巴和肛門排出這種強效溫室氣體。這會造成損害，卻不會削弱草食動物在限制氣候變遷方面的有益作用，也提供另一動機給所有致力於復活長毛象的俄國、美國、中國及南韓團隊。就像大象一樣，長毛象不是反芻動物，排氣也遠遠更少。

馬克・馬西亞斯—福立亞表示，長毛象草原曾經從伊比利半島延伸到西伯利亞，並遍及北美洲。他說：「這是世界上有史以來最大的單一棲地。」

對於政府、生態學家、在北極居住和工作的人而言，重建這片草原的重要部分將會是一大挑戰。不過，此舉也有巨大的潛力，或許能夠阻止永凍層的大量流失與北極的迅速暖化。這是一項如長毛象般龐大的任務。

理想目標

讓草食動物回歸二〇%的永凍區域，以預防二%的未來排放量。這大約是四百萬平方公里的永凍區域，也就是略小於加拿大的一半面積。

如何實現

・馬、馴鹿、麝牛、野牛的集約繁殖和再引進計畫——在沒有長毛象的情況下，野牛尤其重要，因為牠們能夠推倒樹木，並透過吃掉樹皮來殺死樹木。

・使用生物複製、將冷凍的長毛象精子植入大象卵子、基因編輯大象DNA等方法來復活長毛象。

附加效益

・長毛象！

・有更多獵物物種能讓狼擴大棲息範圍。

・像非洲草原一樣豐富的北極動物生態系。

11 優良伐木
Good Logging

對於幾乎每一個有點擔憂氣候變遷的人而言，熱帶森林的伐木活動都是「勿做」清單上的前幾名。但對於彼得・艾利斯（Peter Ellis）而言卻不然，他在備受敬重的美國環境慈善組織「大自然保護協會」（The Nature Conservancy）擔任氣候科學全球總監。他說：「木材很好，唯一能取得木材的方法就是透過伐木。在對抗氣候變遷和保護環境的行動中，讓伐木工人成為我們的同盟是非常重要的。」

這聽起來或許就像是招募魔鬼一起對抗天譴，或使用水來維持乾燥，但請聽我繼續讀下去。熱帶地區的伐木活動已經發生在覆蓋面積大約為四百萬平方公里（與印度的面積差不多）的林地。這種數量的樹木覆蓋面積並沒有每年**消失**，顯示大部分的熱帶伐木活動會從森林裡取出有價值的樹木，卻讓大多數樹木都維持完好。

與歐洲或北美洲的林木採伐不同，整個山坡不會一次就砍光所有樹木，而且與為了牧牛場或棕櫚種植園而砍伐森林的行為不同，叢林的大部分區域都被保存下來。事實上，在一般人看來，整座叢林幾乎沒有任何變化，但它確實已經改變了。

商業伐木工人會尋找適合用於家具或建築的高品質木材。他們在砍伐和搬運之前會辨別適合的樹木。但平均而言，每採伐一公噸有用的木材，就有六公噸的木材在整個採伐過程中受損或毀壞。這種廢棄及使用的比率甚至可能上升到二十比一。將這種附帶損害減半是「低氣候衝擊性伐木」（RIL-C）的宗旨，而且如果在熱帶地區實施，就可以將整體人為排放降低一．五%左右。

因此，為什麼林木採伐會留下這麼寬的毀壞路徑？樹木倒下時，經常會把底下的其他東西壓扁。有些看似理想的樹木在砍下後被發現品質不佳，不值得搬走。在林地表層移動樹幹，會破壞途中比較矮小的樹木。伐木卡車行走的道路延伸得很遠，就像穿越森林的寬絲帶。在墨西哥、印尼、祕魯、加彭、剛果民主共和國，大自然保護協會正在努力推廣不同的伐木方法。

首先，伐木工人應該在樹木還聳立時對樹木品質進行更準確的評估，方法是「直進切割」（plungecut）：使用電鋸砍進樹幹基部來查看樹木是否空心，不需要殺死樹木。如果樹木看起來品質不錯，那就要確保伐木工人具備充分訓練和知識，不僅能夠砍下樹木，同時將對周邊環境造成的傷害降至最低。大多數熱帶樹木會沿著所謂的「木馬道」（skidway）搬運出去，沿途的植被會被清除乾淨，便於將樹幹拖到卡車上。同樣地，這些木馬道可以規劃成狹窄且注重其他森林生物的道路，而非粗心大意造成破壞的小徑。或者可以使用「釣木竿」（logfisher），也就是經過改造的行動式起重機，它具有非常長的纜線，能把木材「釣」出去，同時減少使用木馬道搬運的機會。由於有更好的排水、鋪面、建造技術，所以伐木道路本身可以將寬度減半，從三十公尺降到十五公尺。把這些做法全部結合起來，就能讓遠遠更多的樹木繼續存活，以便保存更多碳，還有潛力生長成具有伐木價值的樹木。

用彼得・艾利斯的話來說，這些構想都不是高深難懂的科學，但全部結合起來時就能夠發揮驚人的效果，將伐木產生的碳排放降低五〇%。他也不認為這種務實而非理想化的保育方法有什麼讓人歉疚的地方。他是在二十幾歲前往加彭擔任和平部隊（Peace Corps）志工時獲得靈感的。「我記得當時我站在那座生物多樣性極為豐富的美麗森林裡，耳邊聽著鳥鳴，身旁圍繞動物，那一刻我就知道我想要從事林業工作。這些地方需要受到保護，而透過跟伐木工人合作，我們能夠實現這個目標。伐木工人需要謀生，如果他們不做這份工作，另一種情況就會出現——目前也逐漸出現——就是破壞力遠遠更強的土地利用形式，例如棕櫚種植園，那是只有一個物種的沙漠，碳留存率也大幅降低。」

在印尼的加里曼丹島（Kalimantan）上，大自然保護協會的伐木公司合作夥伴「Karya Lestari」（按：印尼文「可持續工程」之意）以自己的讓步為傲，此舉既能夠保育野生動植物，又可以帶來收入。島上有紅毛猩猩、麝香貓、長臂猿、犀鳥和鹿，牠們與偶爾出現的電鋸比鄰而居。該組織說，低氣候衝擊性伐木原則確實需要花更多時間和成本在規劃及訓練上，但採伐作業本身的效率也更高。彼得・艾利斯說，這種精確平衡很重要。「每個林業經理會問的第一個問題一定是『我需要花多少錢？我擔心我的盈虧狀況。』伐木已經是相當低利潤的產業，我們正在研究成本和效益。可以確定的是，低氣候衝擊性伐木能挽救性命。每十位熱帶伐木工人中，就有一位死於他們自己的伐木工作。低氣候衝擊性伐木需要的細心和精準，使伐木作業安全很多。」

第三十一章會為我們證明，木材比混凝土和鋼鐵更有利於扭轉氣候變遷，所以永續伐木在高緯度地帶和赤道附近地區應該對環境無害。但熱帶林業還有其他危害，這使我們有理由小心翼翼穿越森林，而不是開著推土機剷平森林。首先，熱帶地區無與倫比的野生動植物和生物多樣性值得成為保育楷模。其次是信任問題：許多赤道國家的治理和監督都很糟糕。我們怎能確定他們真的有遵循低氣候衝擊性伐木原則，而不僅是為了得到碳信用（carbon credit）在會議或在合約中隨便許諾呢？衛星影像能夠協助監控，但彼得．艾利斯說，大自然保護協會已經開始在印尼使用實地稽核員，並在二〇二一年持續開發加彭全國監控系統（National Gabonese Monitoring System）。

我自己有時也會使用電鋸來砍樹和劈柴，因為我的火爐需要燃燒木材。事實上，我在我家附近的林地擁有特許權，那片林地的業主堅持打造低衝擊性伐木的品牌——禁止輪式交通工具，而且只取用倒下或死亡的樹木。她的目的是保護藍鈴花而非氣候，但產生的影響是一樣的：森林植被受到保護，砍伐的樹木也變少了，只有我能自行搬運或是由親朋好友扛在肩上的木柴才會被取走。

理想目標

透過採用低衝擊性伐木原則，將溫室氣體排放總量降低一・五%。

如何實現

政策：政府必須堅持將低氣候衝擊性伐木作業當作授予或重新授予伐木特許權的條件之一。

執法：受過訓練的實地稽核員以及從上空拍攝的衛星影像能檢查是否遵守規定。

認證：使用可信賴的認證，保證木材製品是在顧客可要求的低氣候衝擊性伐木原則下生產。

附加效益

- 提供更多棲地給野生動植物。
- 減少木材貿易中由伐木活動造成的死傷。

12 富饒的竹子

Bountiful Bamboo

當我環顧我寫作時待著的房間，目之所及的所有物品幾乎都能用竹子製作，其中有些已經是竹製的了。書桌和椅子？當然有。電腦滑鼠、鍵盤、螢幕邊框？網路上都有。書籍？有的。門、牆壁、樑柱、置物架呢？很簡單，複合竹材比鋼材更堅固。衣服？竹纖維能製作柔軟舒適的布料，從頭到腳都適用，連內衣也不例外。我甚至騎過一輛竹製腳踏車。這一切都來自這種令人讚嘆的植物，但作為對抗氣候變遷的高貴同盟，還有更多光榮的成就等著竹子實現。

阿利夫・拉比（Arief Rabik）能保住性命，幾乎完全是竹子的功勞。他的母親在生他時需要緊急醫療，並在分娩期間與醫生磋商，用一張巨大的竹製沙發和兩張椅子當作醫藥費。當你發現他的母親琳達・加蘭（Linda Garland）大力推廣和美化竹子在室內設計的用途，還擁有大衛・鮑伊（David Bowie）、米克・傑格（Mick Jagger）等名人客戶時，這個故事就稍微沒那麼離奇了。阿利夫・拉比目前在印尼經營環境竹基金會（Environmental Bamboo Foundation），這個慈善組織致力於打造一千座「竹村」來復原土地和捕集碳。每座村莊周圍會有大約二十平方公里的竹林，其中混雜作物和家禽家畜。這對土壤、當地經濟、氣候都有益。他也希望能將這個構想拓展到其他九個國家。「總體而言，它們每年將會吸收並清除大氣中十億公噸的二氧化碳。」

竹子是世界上生長最快的植物。在熱帶環境下，只要有充足水分，它每天能生長一公尺。在一星期時間內，它就會達到成年高度，然後長出木質莖幹和葉子，存活五到十年後死去。如此快速的生長能確保竹子從大氣中吸收二氧化碳的速度遠比樹木更快，但其效果多寡取決於竹林的管理方式及成熟竹子的用途。

最高效的碳儲庫是在最佳的熱帶環境中種植多片高產品種的竹林。接著，完全長成的竹莖會受到採伐，並製成耐用的產品，例如家具或建材。如此一來，碳就會被鎖在置物架、樑柱或書櫃裡。位於地面上的竹莖只是地下莖（rhizome，就像地下樹幹）的分支，而竹莖被切掉後，新的竹筍會很快出現並取代原本竹莖的位置，整個循環就會再次開始。如果以這種方式經營，一公頃的竹子在生長時，每年可以吸收大約五十公噸的二氧化碳。

如果你用相同方式栽種及採收竹莖，卻認為竹製品市場已經飽和或無法利用，那麼退而求其次的選擇是將竹子變成生物炭。生物炭的製作方法類似木炭：將木材或竹子加熱到大約五〇〇℃（九三二℉），但過程中完全沒有氧氣，所以木材或竹子無法燃燒。有些二氧化碳會在製作過程中流失，但大約五〇%依然會鎖在生物炭內，即使之後將生物炭當作非常有效的土壤改良劑灑在農地上，這些鎖住的二氧化碳也不會流失，正如第十七章進一步探討的那樣。

在沒有採收的情況下，一座成熟的竹林會在種植後五到十年內達到平衡，代表生長時吸收的二氧化碳會跟呼吸和分解時排放的二氧化碳相互抵消。不過到了那時，如果你將莖、落葉層、地下莖合併計算，竹林將保留高達每公頃四百公噸的碳。全球至少有三億五千萬公頃的土地適合種植竹子，這樣一來，就能鎖住高達一千四百億公噸的二氧化碳，大致等於三年的人類排放總量。

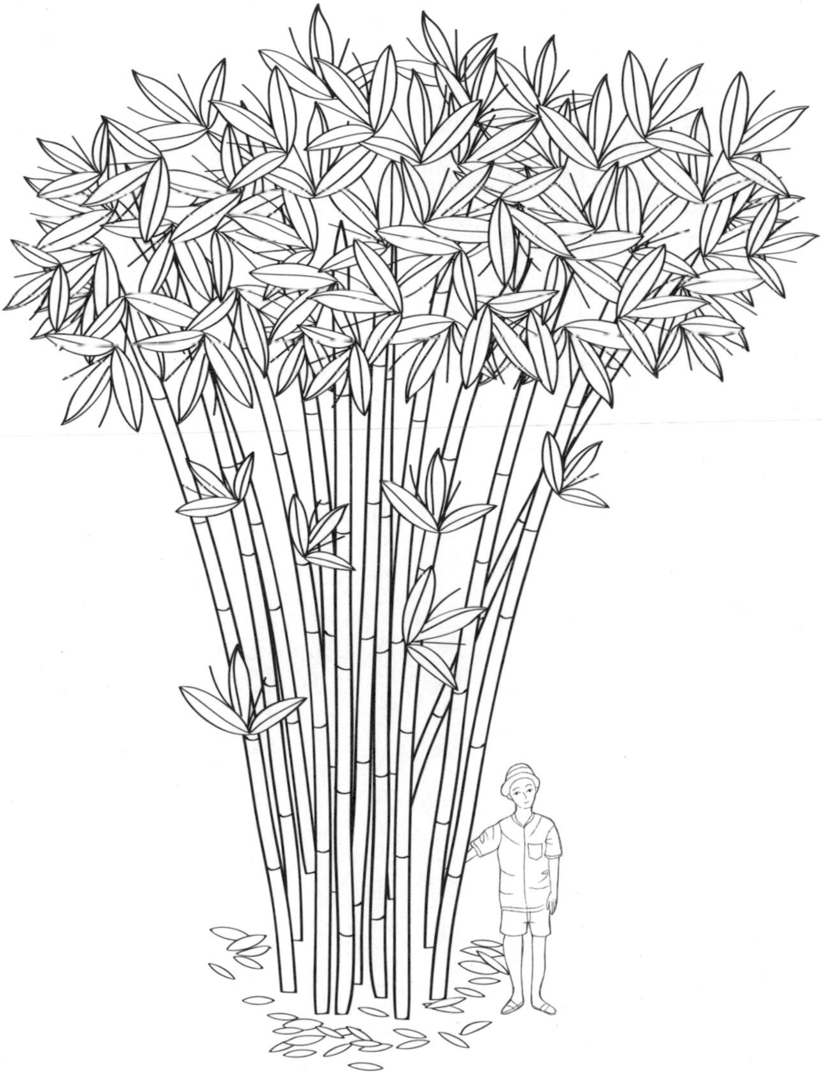

那麼，我們該怎麼實現這些驚人的數字呢？阿利夫．拉比相信，答案就在於將氣候變遷益處放在推銷宣傳的最後，並將更有立即效果的群體益處擺在最前面。他說：「我們稱之為S、E、E，依序是：社會（social）、經濟（economic）、生態（ecological）。在我們的當地經營模式中，只有竹子沒有村莊是行不通的。」

這一切都有賴於改善退化的土地。這些土地往往是森林已遭砍伐的大片區域，接著經過大量農耕或放牧，使土地的植被和土壤都逐漸貧瘠，並面臨侵蝕的危機。世界資源研究所表示，全球有兩億公頃的土地（比俄國稍大一點的面積）亟待改善。竹子是恢復土地的利器。地下莖會束縛離地一公尺的土壤，同時又能讓更多水分、氧氣和有機質滲透進去。竹子的樹冠會保護土壤不受大雨沖刷，落下的竹葉也會成為富含營養的落葉層。把這些優點加總，就能提升土壤肥力，同時減少水災及土壤流失。儘管如此，阿利夫．拉比並不希望建立竹子單種栽培的種植園，而是混合栽培的種植園，且園中混雜其他原生樹種，例如榕樹或無花果樹。在他的村莊模型中，土地也會用於種植其他作物，例如可可、咖啡和水果，甚至是放養家禽家畜。

與西方世界的觀念相反，竹子不一定具有侵入性：大部分的熱帶品種都是從各有六根竹竿的竹叢中生長出來，而且不會到處蔓延。

定期修剪竹子也能提供收入，每個村落每天都能採收大約六公噸的竹竿。其中大約一半會加工成竹條，賣給建築或家具公司，而剩餘的三公噸則會製作成燃料顆粒，這是一種再生能源，可為家庭、小型企業或甚至生物炭爐提供動力。阿利夫・拉比當時以抒情的方式說：「這種『竹村』的願景就像一幅油畫傑作。竹子只是畫布，因為它能固定土壤並恢復水分。生態系則是畫家，然後大家都能從中獲益。」

他並不是唯一一個讚頌竹子的人。在中國，這是價值數十億元的產業，印度也有一項獲得總理支持的「國家竹計畫」（National Bamboo Mission），而許多非洲國家逐漸顯現竹子在經濟和生態方面的潛力。但整體而言，竹子似乎仍然有形象問題：西方世界經常將其視為花園中的危險入侵種，亞洲許多地區也依舊將竹子汙名化為「窮人的木材」，這是貧瘠的過往遺留下來的印象。當然，現在是時候讚賞這種奇蹟植物了。

理想目標

到二〇五〇年前吸收二%的人為溫室氣體排放。

如何實現

恢復土地：在面積等同印度的退化土地上廣泛種植竹子。

替代：使用竹子製造建築和家具等生命週期很長的產品，以取代水泥和鋼鐵。

部分燃燒：在木炭爐中烘烤生物炭，然後將其灑在土地上。

附加效益

- 減少土壤侵蝕。
- 提高抗洪能力。
- 鄉村地區有更多收入來源。

13 為泥煤著想

For Peat' s Sake

一九五〇年五月，有人在丹麥城市西爾克堡（Silkeborg）附近的地下發現了一具屍體。這名男性有冒出一天的鬍渣，戴綿羊皮帽、繫皮帶，頸上還套著一條絞索。由於皮膚保存極佳且臉部特徵完好，警方起初認為他們發現了一名近期遭到謀殺的被害人。但他們的估算偏差了超過兩千年，因為他們被泥煤驚人的保存能力騙了——這種化學作用使泥煤地對於解決氣候變遷至關重要。「圖倫男子」（Tollund Man）在那片沼澤中幾乎沒有腐爛，而數千年來埋在沼澤中的植物物質也沒有。

泥煤是死去又部分腐壞、累積數千年並泡在水中的有機物。在熱帶地區，泥煤通常是從葉、根、枝條所形成；在寒帶氣候，泥煤的成分往往是苔蘚、草本植物和灌木。泥煤沼的厚度可達一至十八公尺，而且乾燥重量有一半是碳，所以儘管泥煤沼覆蓋的土地面積遠低於森林，卻能保存多達兩倍的碳。不過，透過將泥煤排水、挖掘泥煤、燃燒泥煤、在園藝中使用泥煤，我們正在讓原本封存於泥煤的碳散逸出去。大約四%的人為溫室氣體排放來自退化的泥煤地。平均而言，愛爾蘭一公頃的乾涸泥煤每年會排放六公噸的二氧化碳，等於五輛車一整年的汙染量。

讓碳固定在泥煤中的正是水，水將有機質隔絕自空氣之外，並允許一層層有機質在數個世紀中不斷累積，同時大多不會腐壞。與森林相比，這些溼軟、有點詭異的地貌推遲了人類開發遠遠更久的時間，但排水科技的發展改變了這一切。從十七世紀以來，抽水機和溝渠使歐洲的泥煤地迎來農業。人們發現這種黑色易碎的土壤是絕佳的生長介質，搭配肥料時尤其有效，而這些泥沼也從危險的沼澤演變成豐足的糧倉，這種趨勢在如今的熱帶地區不斷重演：原先無人踏足的沼澤經過排水，變成棕櫚油種植園，野火的威脅也隨之而來。二〇一五年，印尼有一場大火發生在乾涸的泥煤，並延燒數月之久，這場大火最嚴重時，二氧化碳的排放速率與整個美國經濟體不相上下。

「好消息是，想阻止這種情況，你只需要重新接上水管、把水放回泥煤裡，就像打開水龍頭並堵上浴缸排水口一樣。」都柏林大學（University College Dublin）的泥煤地專家佛羅倫斯・雷諾─威爾森（Florence Renou-Wilson）如此說道。她在法國布列塔尼（Brittany）長大，但她在一九九五年首次見到愛爾蘭沼澤的那刻就被迷住了。「大多數人都認為溼地惡臭又危險，但我為它們的生物學和神秘著迷。現在依然如此。」

愛爾蘭與其國內溼軟沼澤不斷變動的關係，就像是世界各地的縮影。因為愛爾蘭鄉村地區可作為燃料的樹木不多，煤藏量也很稀缺，所以從前許多人會把泥煤切下來，乾燥之後就能為房屋供暖。有些人現在還是會這麼做。在二十世紀，泥煤成為一種貴重的自然資源，由一間國有公司「愛爾蘭泥煤委員會」（Bord na Móna）將泥煤開採工業化，甚至在發電廠使用泥煤來發電。泥煤也成為珍貴的出口貨品，主要需求者是英國的園丁和種植戶。由於這些原因，愛爾蘭的退化泥煤沼所排放的溫室氣體就跟該國的交通運輸一樣多。不過，如今其他燃料的可用性及環境壓力已經讓情勢完全反轉——二〇二一年年初，愛爾蘭泥煤委員會不僅停止所有進一步的泥煤開採，也承諾會重新溼潤其掌控的大片泥煤區域。在愛爾蘭一千四百萬公頃的泥煤沼中，佛羅倫斯．雷諾—威爾森認為半數將會在相當短的時間內重新溼潤。至於私人使用，她認為可能必須由政府支援來協助仍然仰賴泥煤為房屋供暖的少數人，但她不怎麼喜歡「這是我們文化的一部分」這種論調。「我們曾經用這句話來討論法國觀看斷頭台行刑的問題。有時你必須將傳統排除在考量之外。」

除了愛爾蘭島，大多數其他富有泥煤的國家還沒有這種從開發到保護的完全轉變，但許多國家正在開始將重新溼潤泥煤視為一種針對氣候變遷的強效自然解決方法。堵住排水溝和降雨就能有很大的效果，儘管無法將泥煤沼恢復到原始狀態，但至少可以立即停止更多碳排放。三分之一的熱帶泥煤地位於印尼，而在二〇一五年的大火後，該國政府就與環境慈善組織合作成立國家泥煤地恢復局（National Peatland Restoration Agency），目的是重新溼潤兩百七十萬公頃的退化森林沼澤。這項工作很昂貴，大多仰賴捐款和碳抵換信用，因為目前還沒有國際資金結構來支付泥煤地的重新溼潤行動。不過，我們或許有辦法從恢復的沼澤中賺取一些利潤。

歡迎使用「溼地種植」（paludiculture），也就是沼澤上的農耕活動。珍貴的植物可以在積水的地面上栽種及採收。在北半球，蘆葦可用來當作能源作物及建材，而赤楊可作為木材。在熱帶地區，許多經濟作物能在溼地栽種，包括可作為澱粉類主食的西谷椰子以及製造口香糖的樹膠原料。

我們需要泥煤，但把這則訊息傳遞給盡心盡力的學術圈、環保人士、走在前沿的農民以外的人是很困難的。與林地不同的是，我們依然對溼地抱有極為負面的印象：我們對於沼澤並沒有與「擁抱樹木」（tree-hugging）對等的詞彙，而且政治人物仍會反覆使用「抽乾沼澤」（drain the swamp）當作終結貪腐的委婉說法。不過，佛羅倫斯・雷諾—威爾森表示，有一種方法可以展現對泥煤的愛，就是在園藝店實現「零泥煤」。「你買的每一袋泥煤都來自一片被抽乾的沼澤，進而汙染水源、釋放碳並傷害野生動物。對人類至關重要的生態系統會因此退化。我們需要清楚說明一個訊息：無論什麼原因，園丁都不需要使用泥煤。」

理想目標

在二〇三〇年前終止泥煤地的乾涸及退化，減少四%的人為溫室氣體排放，然後讓重新溼潤的泥煤成為逐步發展的碳儲庫。

如何實現

政策：效仿愛爾蘭，將泥煤退化視為違法。

自然：讓一些沼澤回歸自然狀態。

農業：完美的溼地種植農作法能夠從泥煤地獲得一些經濟報酬。

財務：支持可證實且穩固的碳抵換計畫，以支付重新溼潤熱帶泥煤地的費用。

附加效益

- 創造更適合動植物的棲地。
- 為飲用水提供更好的天然過濾器——自來水公司將經常支付泥煤復原工作的費用。

14 海洋農作 Ocean Farming

除了搭飛機，我最接近飛行的體驗就是在赫布里底群島的岩質海岸外游泳。我戴著面罩，透過清澈的海水向下凝視，而我最喜歡做的就是在高聳的海帶床上方滑水，那裡是隨波搖擺的海藻森林，棲息著螃蟹和扇貝，偶爾會出現海豹，還有存在我想像中的鯊魚。我覺得不太真實，同時混雜著喜悅及不安的感受。不過，這個水下世界可以發揮巨大的作用來拯救我們的世界。

光合作用是生命的基礎反應式，大約一半的光合作用發生在海中。海藻和微藻會吸收二氧化碳並釋放氧氣，就像陸地上的植物。此外，正如種植樹木被視為一種氣候變遷解決方案，播種海藻也是一樣。

據估計，海藻每年已經將大約六億三千四百萬公噸的二氧化碳鎖在海裡，這個數字稍微超過每年人為排放的一%，而且還有很大的成長空間。不過，帶來最大的氣候益處的正是大規模使用海藻這件事：海藻可以取代農牧業、燃料製造業、塑膠製造業的許多碳密集型程序。估計光是使用千分之一的海洋面積種植海藻，就能提供四分之一的人類蛋白質需求，使用農地也能減少六%。海藻目前在亞洲部分地區大規模種植，而且經常出現在東方料理，但海藻也用於各種物品，從牙膏到冰淇淋、面霜，再到防火布料。將海藻當作肉類替代品的需求也在大幅成長；海藻是非動物性蛋白質的來源之一，可以避免與大豆有關的森林砍伐問題，還能提供肉食愛好者渴望的鹹鮮滋味。不過，千分之一的海洋面積是五十萬平方公里，代表現有的種植面積需要增加十五倍。

海水養殖公司綠浪（GreenWave）的創辦人布倫・史密斯（Bren Smith）相信我們能做得到。他的農場位於美國新英格蘭，不僅種植海帶，也在同一個地方養殖貽貝、扇貝、蛤蜊。他把這種養殖模式稱為混養，並表示他正在重建自然在陸地或海洋所做的事：讓不同生物在不同高度生長。由船錨、繩索、浮標構成的三維網絡模擬出自然的珊瑚礁生態系，而他可以在那裡生產「不會游走，我也不需要餵食」的生物。在每一公頃的區塊（一百公尺乘以一百公尺），他能種植在乾燥後重達九公噸的海帶，並收穫大約五十萬隻貝類。海帶可以成為動物飼料或肥料，而海鮮則會送往商店及餐廳，與此同時，種植海藻本身就會協助從水中吸收二氧化碳和過多的氮。不過，種植海帶還有另一個優點：海帶床會為其他海洋生物提供孵育場和避風港，有助於增加海洋野生生物的豐富度。

綠浪已經訓練了一百二十名海洋農民，還有數千人在等待名單上。不過，布倫・史密斯承認這份工作很辛苦，他說：「你沒辦法輕易看到你種的東西，而且海水一直在變動。在最初幾年，我弄死了數百萬隻牡蠣，不過最後我終於培養出『藍拇指』而不是綠手指。」

他希望有數百名海洋混養人員沿當地海岸駐點，每個人負責一小片海床及上方的水層，就像從前的捕魚社區，不同之處在於如今是與海洋合作，而非對海洋掠奪。

穿越大西洋五千公里，抵達蘇格蘭西岸的林納湖（Loch Linnhe）的海口（按：林納湖實際與海洋相連），你會發現另一座海藻農場。這座農場的經營者是蘇格蘭海洋科學協會（SAMS），他們的掌舵人是艾德里安・麥克萊奧德（Adrian Macleod）博士。他也對海帶抱持熱忱，甚至在家裡把海帶放進味噌湯，但他以學術對證據的要求取代創業的熱情。

當我們搭乘他簡潔的塑膠快艇掠過浪峰時，他解釋這個產業面臨的挑戰：「如果我不覺得大規模海藻養殖有巨大的前景，我就不會在這裡跟你說話了。但談到氣候變遷，我也必須實話實說，我們真的有在封存碳嗎？」

我們到達農場所在地，然後艾德里安拉起一根滿載著海帶和許多其他生物的繩子。這不是單一養殖，因為海藻為豐富的海洋生物提供支持及避風港。

海藻生長時，會從水中吸收溶解的二氧化碳，將其儲存於植株的葉肉和黏糊的糖類，後者經常覆蓋在褐色膠質表面上。在海帶的一生中，這些糖分子和海藻本身的碎片會被沖走或被風暴粉碎。這些物質大多會滾到海床、遠離大氣，有些則會落入深深的海底，永遠封存在那裡。近期研究顯示，在海草生長期間吸收的碳，大約一〇%最終會被長期封存。

不過，艾德里安．麥克萊奧德指出，現行的海藻養殖還包括來自船隻燃料、塑膠浮標、混凝土錨碇、鋼絲索的額外碳排放。他在蘇格蘭海洋科學協會的團隊正在努力使用更多氣候友善的原料和水產養殖技術，例如在繩索上噴植微小的幼年海帶，藉此打破現有平衡來實現有益的成果。他現在就能看到海藻養殖為海洋生態系和偏遠沿海社區的經濟健康所提供的附帶利益；大規模減碳是可見的未來，但離現在還有點遠。創造高效率的想像力思考有一個巧妙的例子，就是將海藻農場設置在風場之間，因為風場已經有服務基礎結構，而且禁止拖網作業。

無庸置疑的是，大量增加海藻養殖會面臨挑戰：規範在哪裡？資金在哪裡？這些海藻的市場又在哪裡？但大型全球組織已經看到這個產業的潛力，而且正在尋求解決方法，包括聯合國、世界銀行、勞氏船級社基金會（Lloyd's Register Foundation）。

布倫．史密斯相信，照射在近岸水域的陽光是一種我們絕不能繼續忽視的資產。對於我們的世界和海洋世界而言，保護已經不再足夠。他說：「你可以將整片海洋變成海洋公園，而它依然會在氣候變遷的時代死去。光是保育不會有效果。我們需要新的方法來讓海洋再生。海藻養殖就是一大主力。」

理想目標

〇・三三%海洋中的海藻農場會吸收全球溫室氣體排放的一%。這代表現有海藻養殖的規模將增加六百倍。

如何實現

技術：發展更便宜、更低碳的水產養殖裝備和水下無人「農用車」。

政策：大幅增加政府獎勵，並改進近岸水域的規範和管理，以允許海藻農場能在廣大區域發展。海藻農場非常適合搭配風場經營，而且可以共享同一片海床。需要解決傳統漁業可能提出的反對。

技能：海洋農作的大型訓練計畫。

市場：開發人類食物和動物飼料對海藻的需求，並開發海藻作為工業原料的用途。

附加效益

更好的食物：一起生長的海藻和海鮮會提供豐富、健康又低碳的食物來源。

更好的棲地：海藻農場會變成魚類和貝類等野生海洋物種的庇護所及孵育場。

更好的工作：在就業機會稀缺的偏遠沿海地區提供水產養殖業、加工業和相關產業的專業技能工作（high-skilled job）。

農牧

Farming

15 零碳作物

Zero-carbon Crops

二〇二一年二月初，我正在北安普敦郡（Northamptonshire）瞭望一片平緩起伏的二十公頃田地。白雪覆蓋糖蜜似的泥濘，卻沒有覆蓋去年的大麥留下的殘梗細枝，以及今年剛冒頭的油菜長出的耐寒葉子。這幅景象就像一條帶有斑點的粗花呢毛毯，看起來很吸引人，卻沒什麼特別之處，就是一間典型的耕作農場會有的宜人冬日風光。但這裡是一場革命的起源地：活生生且持續成長的證據顯示，農耕可以在對抗全球暖化的戰爭中改換陣營，成為氣候最強而有力的同盟之一。此外，農業可以在做到這一點的同時依然生產大量食物。

這位農民就是鄧肯・法林頓（Duncan Farrington）。他說：「這片田地每年都會從大氣中吸收大量二氧化碳，足以抵消每年英國馬路上大約兩百輛中型家庭用車的排放量。在這座總面積兩百七十公頃的農場裡，吸收的碳加起來約等於兩千七百輛汽車或五百次經濟艙環遊世界。」

農業是氣候變遷問題的一大部分，所以將它轉變成解決方法的陣營會是很大的成就。土地利用占人為溫室氣體排放的大約四分之一，其中包括為農業砍伐森林的行為。實際的農牧活動大約占土地利用的一半，而且儘管大眾關注的是牛，但種植**作物**同樣會對氣候構成威脅。重點就是土壤和化學肥料。透過種植或犁耕來干擾土壤，會氧化土壤裡的碳，以二氧化碳的形式散逸。製造肥料會釋放大量二氧化碳，而且只要肥料灑到田地上，主要成分氮就會與氧結合形成一氧化二氮——這是一種比二氧化碳強效三百倍的溫室氣體。

首要任務是逆轉土壤碳的流失。鄧肯．法林頓和愈來愈多所謂的「再生農民」（regenerative farmer）相信，重點在於讓植物做更多工作，機器做更少工作。

在任何作物中，植物只有一小部分是供我們食用的糧食，例如小麥穗或豆莢中的豌豆，所以最好是取走糧食部位，但留下葉、莖、根在田地裡腐爛。接著迅速種植其他作物，因為裸地會浪費葉子利用陽光行光合作用吸收二氧化碳的能力。採收之後可以混植作物，例如燕麥和野豌豆，或是在種植作物後搭配其他作物，例如蕎麥和苜蓿，也就是可以跟經濟作物互補卻不會與其競爭的作物。這些作物同樣會在田地中死亡，增加更多堆肥。這些植物都有根，而根也會死去，並將珍貴的碳封存在地下。

接下來的工作是盡量減少使用曳引機來達到上述任務，也就是所謂的最少耕耘（min-till）。不使用犁來翻動土壤，因為如果蚯蚓有足夠的有機質可吃，牠們就應該能為我們翻動土壤。盡量減少車輛在田地裡的活動，以免土壤被重型機具擠壓。這有益於土地、農場預算和碳預算（carbon budget）。鄧肯・法林頓說，他的燃料用量已經減少六〇%。

接著，他在自己的田地裡挖出一塊土，即使經歷一個溼冷的冬季，這塊土也有鬆散易碎的質地，並混雜以前植物的根、蚯蚓洞和蚯蚓。「我們在田地上輕快行走，並與自然合作。蚯蚓和細菌會為植物提供營養，而土壤裡有存在十年到二十年的根，那些都是碳。」

鄧肯隨後從口袋裡拿出一張汙跡斑斑的圖表，圖中顯示他的土壤碳已經在過去十八年內增加超過七五%，吸收五千至六千公噸的二氧化碳。目前這條曲線還沒有趨近水平的徵兆。不過，這張圖表還有另一條測量土壤肥力的線，這條線與碳吸收量齊頭並進。有機質添加的肥力也代表他正在減少使用人造肥料，並降低與之相關的溫室氣體排放以及他的化學藥劑費用。因此，他完全不需要在利潤上讓步，反而能夠在銀行擁有健康的收支平衡，在田地擁有飽滿的碳儲庫，這是兼顧生意和世界的永續發展。

這也是為什麼他的故事如此有說服力。鄧肯經營一座利潤豐厚的耕作農場，生產品牌名為「Mellow Yellow」的高端烹飪用菜籽油。

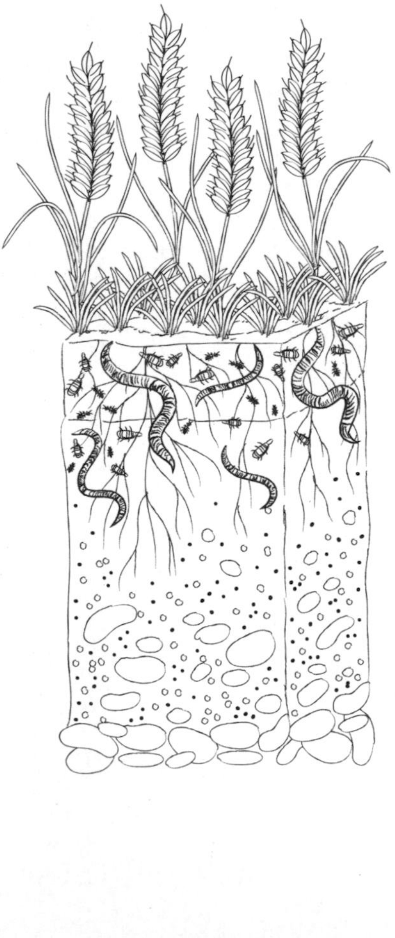

按照他的說法，他不是一個「生態狂人」，但他堅信，在歐洲和北美洲的糧食主要產地，這種方法能夠在商業農業中發揮良好效果。「有證據顯示，如果全球農業能以這種方式耕作，每年就有可能消除介於一〇%到三〇%的全球碳排放。這等於消除全球所有的交通運輸排放，包括飛機、船隻、火車、汽車。我正在向大家展示，我們農民也可以在碳排放解決方案中扮演重要角色。」

這種有時稱為再生農業或保育農耕的方法，顯然要歸功於有機農民的知識。多年來，他們已經熟知生機勃勃的土壤是多麼可貴，而且他們在英國最大的會員組織稱為**土壤**協會（Soil Association），這絕非巧合。不過，再生農耕是一種比較務實的方法，不會武斷反對化學添加劑，而且著重在農耕和地球的長遠存續。

鄧肯・法林頓為自己的成就感到自豪，並在業界獲得一些知名人士的讚賞，尤其是中國農業部長及中國駐聯合國代表。不過，他不認為農耕在阻止氣候變遷的運動中已經得到應有的認可。「有一件事讓我在過去十五到二十年內感到很沮喪，就是人們喜歡閃亮的大型解決方法，喜歡需要大量科技和專業的華麗解決方法。但在這裡，我們不會說：『看，我們已經投資這些錢，還發明這些科技。』你不會看到這種景象，但蚯蚓和根正在發揮作用。今天是寒冷卻陽光燦爛的日子，我們站在這裡，而這一切就發生在我們腳下，並且會持續發生。大自然每天都在這麼做。」

理想目標

到二〇四〇年，耕作農業將會達到碳中和，減少一〇%的溫室氣體排放。在接下來二十年內，耕作農業將封存數千億公噸的碳，然後在二十一世紀後半葉之前與極大量的土壤有機質達到平衡。

如何實現

健全的資料：提供可靠的土壤碳指標來測量改良情況。

政策：農耕在全球大部分地區都受到政府資金的強力支持，所以可以根據減碳軌跡設置資助條件。終止對農用柴油的減稅措施。

知識傳遞：在業界傳授再生農耕的實務操作。

零售：提供關於食物碳足跡的可靠資訊，讓商店和顧客可以選擇購買氣候友善型產品。

附加效益

- 減少肥料支出。
- 增加農場的野生動物。
- 增加富含營養的食物。

16 旱稻
Dry Rice

植物的生命是何時開始呢？你可以說，種子處於近乎永恆的假死狀態，可是當種實裂開、植株生長時，生命的火花又是如此顯而易見。植株會向光源往上伸展，並向水源往下探尋。這就是激勵絲米塔．庫魯普（Smita Kurup）博士的時刻。發芽是她的專業領域，也是她遏制強效溫室氣體甲烷一大來源的關鍵。

稻作栽培導致大約二％的全球暖化，接近飛行造成的影響。平均而言，一大碗米造成的氣候衝擊跟開一輛車幾公里差不多。全球大部分的米來自水田，也就是水深大約十公分的小塊田地。水的作用是抑制雜草；它只是一塊溼溼的大毯子，讓所有阻礙稻作生長的植物都窒息而死。然而遺憾的是，從氣候變遷的角度來看，它也讓土壤無法接觸到空氣中的氧氣。這代表植物物質分解時缺乏氧氣，只能進行無氧作用並產生甲烷，而甲烷又稱為「沼氣」。隨著水稻在一億六千一百萬公頃的土地上生長，我們已經創造了一片巨大的沼澤，面積大約是法國的兩倍，甲烷持續從中散逸，使我們的溫室氣體愈來愈多。一個甲烷分子捕捉熱的效率是二氧化碳的二十五倍。它是地球的超級隔熱層，而且現在大氣中的甲烷量是工業革命前的兩倍。甲烷的其他主要來源是牛（見第十七章）和天然氣產業的洩漏氣體。要阻止稻作栽種製造甲烷，就必須讓水田成為歷史，而那就是庫魯普博士的夢想。

她在倫敦附近的洛桑研究所（Rothamsted Research）植物科學高溫溫室與一個團隊合作，努力培育能在傳統田地茁壯生長的各種稻作，這類稻作就是所謂的旱播稻（DSR，又稱「旱田直播水稻」）。這種栽培稻作的方式並非全新的想法，位於菲律賓的國際稻作研究所（International Rice Research Institute）已經實地試驗好幾年。不過，在水田成功繁育的現有稻作品種卻無法在旱播稻系統下良好生長。

庫魯普博士希望讓植物在生長時有最好的開始。她在德里長大，對生物世界感到著迷，並把重心放在植物科學，因為她對解剖動物有點於心不忍。搬到英國後，她曾研究罌粟、水芹、油菜籽的發芽，如今則是稻作的發芽。這讓她對這種「生命火花」的時刻有獨特見解：發芽時，植物的營養不僅來自種子，也來自水和光。她的團隊和合作夥伴有個簡單的目標，就是培育一種高產、耐寒且能在旱田系統中良好生長的稻作品種。她非常了解這項培育工作的重要性。「在現實世界迅速改變某件事的可能性是一個巨大的激勵因子，也賦予我責任感，要求我不能搞砸這項工作。不過，我對這件事會成功的信心大約是九五%。我真心相信，洛桑研究所和我們的合作夥伴將會革新稻作世界。」

有一系列溫室和實驗室正在策畫這場革新。庫魯普博士帶我去一間倉庫，裡面有成排看起來像大型鐵製冰箱的設備在嗡嗡作響，但這些設備裡面是溫暖而非寒冷的環境。她打開其中一台設備，展現稻作秧苗，它們正在享受與東南亞一致的熱、光和溼度。她用為人父母的驕傲語氣稱讚這些秧苗：「我們的種原（germplasm）看起來很美；我的寶貝都在茁壯成長。」

接著，她展示稻作種子早期發育的詳細照片，看起來更像是一位開心的母親了。這些照片是黑色背景下又長又細的根和努力生長的嫩芽，等於是植物科學家版的子宮內胎兒掃描。不過，這些高解析度的照片遠遠不只是令人驕傲的成果，更是這項計畫成功的關鍵。

種子發芽時，會利用根向下尋找水，最初也會利用稱為中胚軸（mesocotyl）的構造向上尋找光。中胚軸是最先向上生長的肉質突起，之後會成為嫩芽。水田播種的種子過著飽受呵護的幼年生活：因為周圍都是水，所以它不需要讓根快速生長，又因為位於地面上或地面附近，所以光也離它很近。如果在旱田播下這類種子，缺乏生氣的根發育代表它沒有得到水，而它緩慢的向上生長也無法足夠快就照到光。悲慘的命運即將來臨。不過，庫魯普博士在國際稻作研究所的基因庫中發現少為人知的品種，這些品種確實能長出強健的根和長長的中胚軸。這項研究的第一階段是種植大約五十萬棵來自六百五十個品種的秧苗。她從這些品種中選出最有潛力的十個品種來開發，並與現有的高產量品種雜交。在每個階段，她在國際稻作研究所的合作夥伴都會實地測試她研發的品種，地點在印度的旁遮普邦（Punjab）以及北方邦（Uttar Pradesh）瓦拉納西（Varanasi）附近。庫魯普博士相信，他們將在幾年內研發出適合農場種植的種子，而且在十年內，全世界大多數的稻作都會以這種方式栽培。

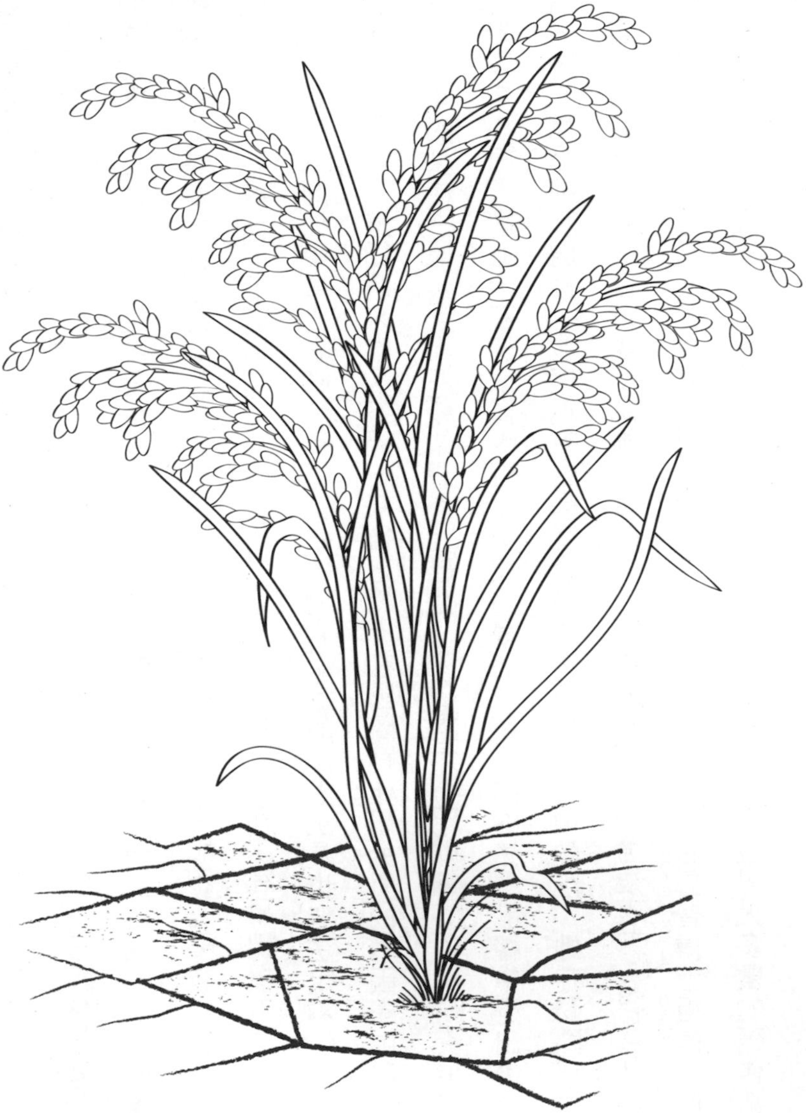

但有一個問題。不同於小麥、玉米或大豆等許多全球經濟作物，許多稻作是在小農地而非大農場栽種。亞洲的水田農場平均面積不到兩公頃。改變數億人的農耕方式比改變少數大型經營者更難。庫魯普博士說，水田種植戶的農耕方式或許很傳統，但他們具備二十一世紀的數位連線能力，而且關鍵是找到當地具有影響力的人，也就是水田種植戶認識且相信的人。旁遮普農業大學（Punjab Agricultural University）的合作夥伴甚至製作了一支影片，由一名農民唱歌介紹旱播稻的益處。

對於農民而言，最大的吸引力主要在於增加利潤，而非減少全球暖化。水稻在許多地方都逐漸無法永續發展。它需要大量人力和大量水，而在亞洲各地，這些資源日漸稀缺。水稻也會傷害土壤結構。如果旱播稻能夠以較低的成本提供更高的產量，就可以說服農民接受它，同時免費提供限制氣候變遷的益處。

理想目標

透過廣泛採用旱稻技術，減少〇・五至一%的排放。

如何實現

- 持續發展能適應非水田系統的高產稻作品種。
- 由當地具有影響力的人和政府推廣旱稻農耕技術。
- 在米的包裝上張貼氣候衝擊標籤，使消費者能夠支持旱稻。

附加效益

- 減少對匱乏供水的需求。
- 減少對稀缺人力的需求。
- 改良土壤品質。

17 減少牛隻排氣

Degassing Cows

我喜歡牛，死的或活的都喜歡。牛肉很好吃，牛奶有營養，而牛奶製成的乳酪是食物中的奇蹟。牛也很好看：你總是可以看到牠們眨著棕色大眼和纖長睫毛湊過來。世界上大部分地區的人都很喜歡牛，全球有十五億頭牛，等於每五個人就有一頭牛。不過，這是一種惡性關係，因為牛已經多到正在傷害維繫我們生存的氣候。所以，我們一定要停止養牛嗎？或是可愛的牛能夠改變呢？

在氣候變遷方面，牛有二大缺點。牠們在瘤胃和其他三個胃消化牧草的方式，會導致甲烷從嘴巴和肛門排出。儘管甲烷不會像二氧化碳一樣留在大氣中那麼久，但每個甲烷分子的全球暖化能力是二氧化碳的二十五倍。很多甲烷會與一氧化二氮一起從糞便逸出，而一氧化二氮是另一種強效溫室氣體。牛將食物轉換成身體質量（即我們吃的肉）的效率也非常差。這一點很重要，因為這代表牠們需要大量土地來吃草或種植牠們的補充食料，這些土地原本可以進行對氣候更友善的工作，例如種樹，而在某些情況下，原生林卻被牧草地取而代之。計算結果指出，飼養牛和水牛加上種植牠們的飼料，會產生大約一〇%的溫室氣體，如果你把砍伐森林也納入計算，這個數字還會更高。

儘管有這些可觀的指控紀錄，或者該說正是因為這些紀錄，蘇格蘭農業學院（SRUC）的氣候專家艾琳．沃爾（Eileen Wall）教授說，科學家必須與畜牧業農民合作，而不是迴避他們。她說：「紅肉將成為全球飲食的一部分，並持續五十年、一百年甚至更久，所以我們必須設法協助農民運用新的科技和畜牧實務工作。我們（社會）需要協助農民消除被妖魔化的形象。現正進行的許多活動，令我相信我們將在接下來二十到三十年內接近淨零（牛肉）的目標。」

這些活動大致分為五類：放牧、餵食、培育、消化、牛舍。

放牧：如果你的牧場是碳匯，就會抵消一部分由你的牛群造成的全球暖化影響。土壤封存的碳是大氣的兩倍，而牧場封存的碳則是土壤的五分之一左右。因為土壤在地下，它的碳儲庫會比植物生質更持久。在草地中，大部分的碳並不是封存在可見的葉子裡，而是在根部，與微生物和真菌的有機質。協助這些根、微生物和菌絲體生長的農牧活動會增加土壤碳。愈來愈多農民正在實行「圍牧」（mob grazing）：牧草可以長得較久，然後在短時間內被密集啃食，接著動物會離開。人們認為這種做法是模擬自然覓食，也就是草食動物會被掠食動物四處驅趕，而在圍牧時，狼群則由電子圍籬取代。更高的草有更深的根，被許多牛蹄踐踏到土裡的莖也往往更多。這類型放牧若搭配糞肥和植物物質等大部分的有機肥料，就能迅速增加土壤碳。不過，這種做法無法長久進行，因為土壤碳是有運作極限的：經過大約三十年的快速提升後，土壤的碳儲庫大概就會滿載。

餵食：不同的飲食會與牛的消化道微生物會產生不同反應，並製造不同濃度的甲烷。玉米或大豆等以穀物為基礎的飼料在每公斤牛肉產生的甲烷會比牧草少，這大致上是正確的（也讓戶外飼養肉牛及乳牛的支持者失望），不過如果你把種植穀物或實行上述圍牧系統的溫室氣體排放納入考量，情況就不太一樣了。澳洲、紐西蘭、英國、美國的研究人員都在努力培育新的牧草品種，這些品種在消化時會產生比較少的甲烷。這項研究還在實驗室和試驗田進行中，但如果成功實現，就會成為真正的「綠」草。餵食特定種類的海藻、油脂、單寧等添加物也展現出大有希望的成果，而且有一間荷蘭公司宣稱，他們產品每四分之一茶匙就能讓一頭牛的瘤胃減少三〇%的甲烷產量。

培育：在甲烷產量方面，並非所有的牛皆生而平等。在一般牛群中，排氣最多和最少之間的差異可以達到二〇至三〇%。消化道微生物與牛的遺傳學密切相關，因而也與遺傳度密切相關，所以我們應該有可能培育出氣候損害最低的牛。我希望見到畜牛展覽會頒發獎章給甲烷產量最低的牛，而不只是給臀部最漂亮的牛。對於肉牛而言，培育快速生長的品種對氣候有益，因為牠們愈快達到屠宰重量，牠們在地球上活動、噯氣排出甲烷到大氣中的時間就愈短。艾琳・沃爾說，光是這方面的進步就已經減少英國牛群排放的甲烷，而且可以迅速更進一步發展。她說：「我們的研究顯示，選擇生長更有效率的動物，可以在接下來十年內減少牠們的環境足跡達二四%。」

消化：如果你想吹毛求疵，那麼製造甲烷的其實不是牛本身，而是牛消化道中的微生物。現在有愈來愈多科學家團隊正在以它們作為研究目標。有一種方法是使用抗生素來抑制稱為古菌的產甲烷微生物，另一種則是以益生菌補充劑的形式添加「好」菌。這些團隊也正在努力對微生物本身進行基因改造，以減少它們的甲烷排放——甲烷排放對牛而言是能量損失——並把那股能量轉換為更迅速的生長。如果這些基因改造的構想能從實驗室移到牧場進行，這項科技的反對者將需要判斷，他們認為的風險是否比對氣候的益處更重要。

牛舍：我們可以在牛的「口臭」散逸到範圍更廣的大氣前就捕捉它嗎？零排放家畜計畫（ZELP）正在開發一種穿戴式裝置，它能固定在牛的鼻子上，並在甲烷出現時捕捉一部分。目前這種裝置還在開發早期階段，但零排放家畜計畫宣稱它會捕捉大約三分之一的甲烷，而且他們正在努力改進。這些甲烷會被氧化成二氧化碳，所以會失去一些優勢，但即使這種裝置無法消除氣候衝擊，也依然能夠協助降低衝擊。許多牛大部分時間或所有時間都待在室內，乳牛尤其如此。艾琳．沃爾在蘇格蘭農業學院的同事正在研究適宜的換氣裝置，以便在甲烷離開牛棚時就從空氣中清除，他們也在研究將糞肥處理系統結合厭氣消化槽，以便提供生質氣體燃料給牧場。艾琳．沃爾說：「目前正在研發能與未來的牧場牛棚相容的小型消化槽，這樣它們就可以將糞肥轉換成能量，用於牧場或賣給電網。」

為了實現對氣候更友善的牛而產生的畜牧活動變化，可能有一些具爭議性的副作用，包括戶外活動時間減少、生長加快、基因編輯、早死。在山坡上蹦來跳去或許對牛有好處，卻不一定對氣候有好處，這一事實並不令人愉快。許多人在面臨這些兩難的困境時已經決定，要減少牛對氣候的衝擊，最簡單的方法就是經常或完全不吃牛肉和乳製品。艾琳．沃爾認為這是令人敬佩的個人選擇，但同時我們也需要改變畜牧業。她說：「現在有許多已經準備好推行的解決方法，我們可以一起協助農民實行這些方法。牛羊是人類農牧業的重要一環。我們使用這些無法生產人類可食用蛋白質和能量的土地時，必須以健康又永續的方式生產有助於餵飽世界的食物。」

理想目標

溫室氣體總量的大約一〇%來自牛；透過管理歐洲和美國的牛群來減少排放，這個數字在二〇四〇年前可以減半。

如何實現

政策：大多數已開發國家的畜牧業都受到政府補助的支持，所以應該以減碳畜牧活動作為養牛農民的補助條件。

零售：超級市場和食品製造商應該標示肉類的氣候足跡，讓消費者可以選擇低衝擊的品項。

研究和知識傳遞：提升減甲烷創新技術和產品的效率，並在畜牧界推廣最佳實務作法。

消費：少吃肉。

附加效益

提高對糞肥使用的管控，以減少空氣汙染和臭味。

18 衝向「燼」頭

Dash to Ash

約西亞・杭特（Josiah Hunt）說話很有土味——從字面意義上來說是如此，因為他提供的氣候變遷解決方案都跟土壤有關，另一方面，他在強調時也偏好使用質樸粗俗的語言。「二〇〇八年，我在《國家地理》（*National Geographic*）雜誌上讀到一篇關於土壤狀態的文章，然後我發覺我們快完蛋了。人口持續增長，土壤正在消失，地球愈來愈暖，而我們還在加快把自己搞砸的速度。」

他修習過農業生態學和土壤碳循環。「我當時正在尋找一種可以挽救我們自己的方法。我該怎麼拯救地球，同時又能賺錢呢？幸運的是，那篇文章也提到了生物炭，我就想：『老天爺啊！這就是我們缺的那塊拼圖嘛。』為什麼土壤科學沒有探討這個？這簡直是當頭棒喝。」

生物炭是一種非常適合用於農業的炭。它的製作方法是以非常少量的氧氣烘烤植物材料，例如木材、乾草、樹葉或廚餘。空氣量受限代表這些材料無法燃燒。大約一半的二氧化碳和一些可燃氣體會逸出，剩下的則是脆弱的大塊生物炭，裡面含有七〇％的炭以及一些氮和氧。約西亞・杭特曾在夏威夷一間鋸木場工作來換取木材，然後在家中後院製作一些生物炭。接著他在一小塊私有土地上的一些試驗田中鋪灑生物炭。「結果顯而易見——一組有大量玉米，一組完全沒有玉米。」

這對他而言是一種啟發，但對亞馬遜盆地過去代代土生土長的農民而言卻是不費腦筋都知道的事，或許對我們許多務農的祖先而言也是如此。熱帶森林的土壤一旦清掉植被，就不會很肥沃。高溫及高溼度代表有機質會迅速腐爛，其中的精華也會流失到大氣中。不過，亞馬遜部分地區的特色卻是一種非常肥沃的土壤，稱為亞馬遜黑土（*terra preta*）。分析結果顯示黑土中有相當高濃度的炭，年代可以追溯至大約兩千五百年前，當時務農的原住民會使用炭作為土壤改良劑。在溫帶地區的農業，炭的重要性沒有那麼受重視，因為當地土壤往往更肥沃，但人們很有可能經常將火堆的餘燼混合動物和人類廢棄物，然後灑在土壤上。所以，炭是怎麼作用的呢？

它提供完美的棲地給我們在優質土壤中重視的一些東西，包括微生物、營養素、水。約西亞・杭特將生物炭的作用歸功於其出色的內表面積，他說：「它就像時光凍結的植物。植物中的所有孔洞和管束，包括水分曾經流過的木質部和韌皮部，都成為大量微生物的家。一小撮生物炭的總表面積比一座籃球場還大。」

就像其他許多傳統農耕實務工作，生物炭也變得邊緣化，這是因為大家爭相使用二十世紀「綠色革命」期間開發的合成肥料。不過，現在生物炭已經捲土重來，原因就是它對氣候的作用：生物炭能封存碳。植物生長期間吸收的碳，有一半會被鎖在生物炭長達數千年時間。你希望在沒有巨型產業的情況下實現碳捕集和封存嗎？生物炭就是解決方法。

大部分農地都可以接受一些生物炭，而且根據稱為海克力斯氣候解決方案（Herculean Climate Solutions）的一群科學家估計，如果我們在所有農地上鋪灑一層約一．五毫米厚的生物炭（大概等於每公頃五公噸的生物炭），每年就可以吸收二百九十億公噸的二氧化碳，這超過每年人類排放的一半。此舉會需要超大規模的生物炭產業，以及種植生物炭專用的原料，例如竹或桉樹，但就算只使用農業和林業的廢棄產品來製作生物炭，也可以吸收二%的人為溫室氣體。

約西亞．杭特十分興奮。「我們現在有一種辦法能讓植物吸收的碳留在植物體內。我們可以把碳固定在炭裡，然後埋進地下，這樣可以改善水源保育、營養素管理和作物產量，有助於解決氣候變遷並為我們提供糧食安全。這個辦法能解決好幾個大問題。」

他的公司太平洋生物炭（Pacific Biochar）位於加州，當地的葡萄園是很寶貴的客戶，而且生物炭也可以協助解決另一個問題：野火。野火最近如此嚴重的原因之一，是保安林已經充斥太多年輕植物。在過去，這些年輕植物會被偶爾發生的小型天然火災清除，或透過原住民的科技刻意燒毀（見第二十五章）。為了預防火災而進行的疏伐（thinning）會提供完美的生物炭原料。

既然有這麼多優點，而且至少在再生農耕領域，生物炭已經因為一些有力的特色而被推廣，為什麼它還沒有流行起來？這個問題讓約西亞・杭特很激動。「過去十年來，一直有人告訴我們生物炭產業的表現不是很好，這挺可悲的。他們要求我們X你X解決氣候變遷，卻只付給我們少得可憐的錢。他們就是不願意付錢……但現在不一樣了。」

這是因為「二氧化碳清除信用」（carbon dioxide removal credit）的資格

條件已經改變。生物炭製程已經被歐洲和美國的許多認證機構視為一種強勁的除碳科技。這代表如果公司正在尋求方法來抵消自家製造的排放（包括為公司大樓供暖、運輸公司貨品等各種排放途徑），就可以購買封存等量碳的生物炭。加州有自己的碳抵換計畫，價值數十億美元。這為大西洋兩岸的新創生物炭公司提供了推力。有些環保人士質疑，這整個抵換概念可能是為懶惰的汙染製造者不作為所找的藉口，但作為一種啟動潛在大規模除碳產業的方法，目前這種措施似乎是必要的。

對約西亞・杭特而言，這項措施已經讓太平洋生物炭公司脫離「新創公司」的行列。他說：「現在有許多公司排著隊購買我們的除碳信用。我們剛收到一筆數百萬美元的投資，將可以把產量提高五倍。以前農民為生物炭支付的價格必須涵蓋全部的製造成本，而且許多人都懷疑這是否能為他們帶來足夠多的投資回報。現在我們可以大幅降低我們的價格，生物炭變得很好賣。有了減緩氣候變遷的財務獎勵，我們將會展開進一步的大幅拓展，證明生物炭產業真的能經久不衰。」

理想目標

使用森林疏伐和木材碎料、作物殘渣、生物炭專用竹子或樹木種植園採集的原料製造生物炭，吸收四%的人類排放。

如何實現

- 利用碳抵換市場來啟動生物炭製造和使用的成長。
- 盡量把廢棄生質轉移到生物炭生產鏈。
- 教導農民和土地管理者使用生物炭的益處。
- 以產業規模發展生物炭，同時在數百萬公頃的土地上建造種植園。
- 將生物炭正式認證為生物能源與碳捕集和封存（BECCS）解決方案。

附加效益

- 使用生物炭作為土壤改良劑的地方能提升作物產量和樹木生長。
- 改善作物中的營養。
- 提高土壤品質，進而改善對洪災及旱災的耐受性。
- 降低森林火災的風險。

19 了不起的光合作用

Phenomenal Photosynthesis

有一個反應式奠定了生命的存在，但它還可以再改進。事實證明，光合作用其實仍有缺陷：植物只能把大約一%照射在植物上的陽光轉換成化學能。愈來愈多植物科學家認為牠們可以做得更好。考慮到我們現在討論的是把光轉變成生命的奇蹟——在整個已知宇宙中都獨一無二的奇蹟——這種言論聽起來似乎不知感恩又傲慢自大。不過，如果成功了，就能以第二次綠色革命來協助遏止氣候變遷。

光合作用是在光照環境下，將水和二氧化碳轉化成構建植物的醣以及釋放到大氣中的氧氣。如果你喜歡化學反應式，以下是光合作用的反應式：$6\ CO_2 + 6\ H_2O$ + 光 $\rightarrow C_6H_{12}O_6 + 6\ O_2$。光合作用會發生在陸上和海中，而且如果沒有它，就不會有植物、動物或我們，其實就是幾乎完全不會有生命。

在英國北約克郡的一間溫室裡，光合作用正在進行更新。這是一處實地試驗點，供應給番茄的水中會添加「糖點」（sugar dot），這可以增加番茄產量高達二〇%。格萊亞（Glaia）就是這項計畫背後的公司，該計畫最初由布里斯托大學（University of Bristol）開發，旨在加強光合作用。這項計畫的兩位主持人大衛・班尼托—阿里方索（David Benito-Alifonso）與伊姆克・希特爾（Imke Sittel）正在讚嘆和品嘗成熟的果實，然後他們輪流解釋這項計畫的作用機制。

陽光照射到葉子時，會活化葉綠素分子，照伊姆克的話來說，這些葉綠素會「四處彈跳」，直到它們遇到其他分子的複合物，稱為反應中心。而在反應中心內，葉綠素的能量可以被轉化成化學能，也就是醣。這就是光合作用。過多的彈跳葉綠素分子會損害植物，所以植物會使用其他化學物質，以安全的方式平息葉綠素，卻不會促進植物生長。這種作用稱為「光化學淬滅」（photo-chemical quenching）。不過，這些吸收能量的化學物質留存的時間會超過必要的長度，並「浪費」原本可以發揮作用的光。這有點像是騎腳踏車下坡，你在速度有點太快時握住剎車，接著卻發現剎車持續太久，甚至當你已經回到安全速度時依然如此，而重力幫忙的加速也被浪費了。

格萊亞公司的「糖點」讓植物可以更快鬆開光合作用的剎車，或者以學術文獻的話來講，可以加速從光保護（photoprotection）中恢復。

糖點是什麼？它非常小，是一種奈米粒子，這代表它的直徑是一毫米的百萬分之幾而已。格萊亞公司說它確切的化學特性是商業機密。不過，該公司堅稱糖點是安全的，而且原本就存在於蜂蜜、咖啡、焦糖和吐司中。製造糖點很便宜，需要的能量也很少；它可溶於水，而且能透過灌溉系統或葉面噴霧來應用。它不是肥料或植物養料，因為它不含營養素，而且它也不需要添加肥料才能發揮效果。在所有試驗中，已處理及未處理的植物都在相同的土壤中生長，所以從結果看來，加強型光合作用能更充分利用**可獲得**的營養和光照。

格萊亞團隊表示，糖點可以應用到各種作物，因為它可溶於水，但那不一定代表它會帶來大豐收。更多光合作用可能只代表葉子更大或莖更粗，而且如果你種的是水果或穀物，更多光合作用也不會對糧食生產有幫助。儘管如此，針對小麥的實驗室檢驗結果依然很有潛力，因為光合作用顯示出改良的成效，而增加的化學能則儲存在穀粒中。事實上，他們發現產量增加大約二〇%，這是令人讚嘆的進展。不過，他們在商業種植環境下的第一批試驗是以溫室水果為試驗對象。在這裡，土壤、水甚至光照的輸入都可以受到測量，甚至在某種程度上可以受到控制，使試驗人員更了解結果。目前還無法從這些試驗中得到確切無疑的資料，但大衛和伊姆克都對他們看到的結果感到滿意，因為經過處理的番茄植株比較高，而且我可以作證，番茄的風味也沒有流失，因為我在他們的祝福下嘗了一些試驗成果。

栽種更多糧食本身就是一項重要目標，因為全球人口預計會在二〇五〇年前達到九十五億左右，等於目前總數再增加二十億人。隨著二十世紀後半葉「綠色革命」而來的農作產量大幅成長已經減緩，而且這種成長有很大一部分是重度使用化學肥料才達成的。在**沒有**對環境不利的因素下，從相同土地或更少土地生產更多糧食是如今的目標。這稱為「永續性集約農業」（sustainable intensification），而加強型光合作用可能對這項目標的成功與否至關重要。讓土地不再投入糧食生產，代表土地可以成為林地、溼地、管理良好的草地，有助於吸收碳。

伊姆克．希特爾認為，縮減我們的糧食足跡會是限制氣候變遷的一大步。她說：「我最大的夢想是透過進入主要作物的全球市場，對阻止氣候變遷做出切實而顯著的貢獻。」

她也相信糖點可以直接幫助天然碳儲庫，這不只包括超級植物，還包括超級樹木。她說：「我們也可能幫忙重新造林。如果我們需要讓某個區域重新造林，我們可以讓樹木長得更快，重新造林的面積更大，這種方法與其他幫助對抗氣候變遷的方法完全不同。我們只是需要第二次綠色革命。」

這段話是希望而非承諾。格萊亞團隊並不是在宣稱某種萬靈丹的解決方法，而是眾多可能幫助我們減少氣候變遷的方法之一。儘管如此，這依然是一種改進地球生命基礎反應式的構想，所以大衛．班尼托－阿里方索對他的成果有何感想呢？

「我們不覺得我們在扮演上帝。我們只是使用我們的科技幫忙植物發揮真正的潛能而已。現代醫藥延長我們的壽命，讓我們不會在四十歲就死亡，這是在扮演上帝嗎？我們不這麼認為，那只是幫助我們活得更長更健康。」

理想目標

透過讓作物產量增加二〇%，並將省下來的區域作為除碳土地使用，例如森林或野外草地，可降低八%的人為排放。

如何實現

- 完善並廣泛採用加強型光合作用及其他提高產量的科技。
- 促進公眾接受農業使用更多生物科技，例如奈米科技或基因編輯，並證實其安全性。

附加效益

- 為容易陷入貧困和飢餓的地區提供更多糧食。
- 更多土地可提供給野生動物和自然，而非農作。

20 岩石救援

Rock Rescue

在赫布里底群島的托羅斯克海灘（Torloisk），我曾經在沙上畫過迷宮、挖過沙堡、放過風箏、比過賽跑。沙粒是偶爾閃爍的深灰色，由沿岸間斷分布的黑色玄武岩堆風化所形成。這些深色岩石和沙子在太陽下都很溫熱，所以比起隔壁更華麗的金色海灘，湧來的海浪讓人在這片海灘上游泳時稍微沒那麼冷。這裡是我熱愛且不斷造訪的地方，但如今我發現另一個喜歡上這裡的理由：玄武岩沙會吸收二氧化碳。

在海灘上玩夠之後，現在該上化學課了。溼潤空氣中或溶於雨水中的二氧化碳會與玄武岩等富含鎂、鈣或矽的岩石或土壤發生反應。這種作用稱為礦化作用（mineralisation），類似第二十七章和第三十五章說明的化學作用。礦化作用的產物是碳酸氫鹽，可能是碳酸氫鎂或碳酸氫鈣，它們會累積在陸地上或被沖刷到海中，然後將碳封存數萬年時間。碳酸氫鹽也是一種弱鹼，有助於對抗海洋酸化，而海洋酸化是全球暖化的副作用之一，目前正在傷害珊瑚和貝類。

這種礦化作用或風化作用是自然現象，已經以每年大約十億公噸的速度從大氣中吸收二氧化碳。「加強型風化作用」的支持者認為，我們或許可以把這個數字增加十倍。

利華休姆氣候變遷減緩中心（Leverhulme Centre for Climate Change Mitigation）建議，將岩石碎塊灑在農地上，可以創造巨大的化學「海綿」，從大氣中吸收更多二氧化碳。土壤微生物和植物的根會協助加速這些重要反應。地質化學家瑞秋・詹姆斯（Rachael James）教授抱持審慎的樂觀態度，她說：「在清除更多二氧化碳方面，初期結果看起來很有希望，也往往會改善農地的肥力，但獲取岩石和運到田地的方法必須是正確的。我們不希望再挖出更多礦坑和採石場。」

想要大規模進行加強型風化作用，會需要數百萬英畝的農地和數十億公噸的岩石；如果不小心行事，這可能代表巨量且適得其反的化石燃料需求。因此，我們先來談談這種礦物的來源吧。瑞秋．詹姆斯表示，適合的岩石分布廣泛，而且經常從其他採礦活動剩餘下來。她說：「以鑽石開採為例：你粉碎至少一公噸的岩石，只希望能找到一公克的鑽石。在現場儲存礦渣廢石通常會變得很危險，就像二〇一五年巴西發生的那樣，當時一座阻擋鐵礦場尾礦（按：tailing，也就是採礦的殘餘物）的壩攔潰堤，導致兩百七十人死亡。那些材料原本可以用於加強型風化作用的。」

有些岩石仍然需要研磨成足夠細緻的粉末，而這將必須使用低碳能源來完成。不過，我們從地下挖出東西的歷史已經在全球大部分地區留下年代久遠的潛在原料堆。這件事很重要，因為磨碎的岩石很重，所以在理想情況下，你會希望田地距離採石場很近。然後你還需要能源，才可以把岩石粉末灑在田地上。低碳的卡車和農用機具有助於平衡這些需求。幸運的是，正如瑞秋．詹姆斯所說，鋪灑這些礦物也可以增加作物產量。

在蘇格蘭一座可俯瞰泰河（River Tay）的山坡上，我與艾列克．布魯斯特

（Alec Brewster）見面，我們身邊是他的安格斯牛（Aberdeen Angus）在山坡上吃草。仔細查看時，可以在草葉之間見到顆粒，就像圓圓胖胖的深色岩鹽。這片田野已經灑滿了磨碎的玄武岩，而檢測結果顯示，這有益於促進植物生長的微生物和參與碳封存者。「這種產品有固碳的潛力，而這就是人類現在最關心的問題——我們到底能不能延緩全球暖化。農民改變的速度可能很慢，但我們正處於一個有利的位置，能夠創造非常棒的雙贏局面。」

岩石粉末的雙重效果源自同時協助作物和氣候。艾列克・布魯斯特記得他的母親曾建議，把岩石粉末灑在土壤上，能種出品質優良的蔬菜。許多岩石類型都富含有用的化學物質，例如鉀或磷，或是鋅和鎂等微量營養素。這可以降低對含氮肥料的需求——含氮肥料就是促使溫室氣體產生的重大因子之一。其他土地利用似乎也會因灑上少許岩石粉末而受益，例如林業、棕櫚油種植園，甚至是泥煤地恢復。許多農民多年來一直使用石灰岩碎塊來降低土壤酸度；如果改成添加矽酸鹽岩石，也會發揮同樣效果並捕集碳。瑞秋・詹姆斯自己的研究正考慮在馬來西亞婆羅洲、英國農場、美國玉米產區進行試驗。

考慮到這麼多不斷變化的成本（來源、運輸、鋪灑）和這麼多不同的益處（增加產量、改善營養、減少肥料），以這種方式除碳的預估價格差異極大，每公噸價格從三十九美元至四百八十美元不等。不過，經濟效益會隨著大規模發展而來，而且這個構想可能會發展成極大規模。全球大約一一%的土地面積都種植作物，如果其中三分之二的面積灑上適當的岩石，就可以吸收介於五億和四十億公噸之間的二氧化碳。最高目標是我們現有排放的將近一〇%。不過，如果以那種規模進行，我們或許必須開始專為這個目的開採玄武岩或類似岩石，這會需要每年二十億至三十億公噸的石頭，以及大約是目前全球採煤業三分之一規模的產業。

讓我們回到那片海灘和維斯塔計畫（Project Vesta）吧。這項計畫是由一個美國團隊提出，以拍岸的浪花為基礎的解決方案。海岸加強型風化作用（CEW）會利用海浪製造的混亂來加速重要的化學反應。維斯塔計畫團隊打算將橄欖石（olivine）散布在經常發生暴風雨的海灘上，橄欖石是一種由矽酸鎂構成的綠色火山岩。劇烈攪動的海水會協助將岩石磨成細小的顆粒，使其更容易進行吸收二氧化碳的化學反應。該團隊也強調，這會在過程中導致碳酸鹽溶於水，而這些碳酸鹽可以隨時用於形成珊瑚、貝殼、海洋生物骨骼。就跟其他形式的加強型風化一樣，這種作用也有一個重要問題：「碳捕集的益處是否比成本、風險、能源輸入更重要？」不過，他們的企圖心令人驚嘆，而且他們也引證了將綠色沙子散布在全球最活躍海洋的二%，藉此吸收數兆公噸二氧化碳的可能性——這可以清除我們所有的排放。這樣的數字大幅超出合理可行性，但或許我們詩情畫意的海濱風景會從金色和藍色變成綠色和黑色。

理想目標

從二〇四〇年起，每年吸收四%的人為溫室氣體排放。

如何實現

脫碳：確保岩石的開採、粉碎、運輸和鋪灑都使用最低限度的化石燃料。

施肥：進一步研究岩石粉末對土壤的效果，並透過農耕傳播相關知識。

工業化：擴大並簡化岩石粉末供應鏈，使其容易取得且價格低廉。

附加效益

- 減少肥料使用。
- 增加富含營養的食物。
- 使用採石場廢料。

社會

Society

21 女子學校
Girl's School

本書中所有減緩氣候變遷的方法也會產生其他良好成果，也就是各章結尾所列的「附加效益」。海草提供魚類棲地；旱播稻降低稀缺水源的使用，而製作生物炭可以降低森林火災的風險。不過，本章的解決方案還有非常多**其他**益處，使減碳效益幾乎形同邊緣。給女孩上課已經被稱為「有史以來最好的主意」。

受過教育的女性擁有更多的一切：更多的技能、更多的知識、更多的選擇、更多的權力、更多的金錢。好吧，不算是一切：她擁有的孩子往往更少，而這有助於改善氣候。據估計，如果確保所有女孩完成中等教育，將會讓世界人口在二〇五〇年前減少將近八億。由於我們的生活或多或少都會導致溫室氣體排放，所以減少人口有助於避免氣候危機。或者反過來說，人類的二氧化碳排放有一個「安全」閾值，而我們人愈多，就愈有可能打破這個界限。

艾斯娜絲・迪瓦索尼（Esnath Divasoni）來自一個育有六女一男的家庭，她在離辛巴威首都哈拉雷一百二十公里的村莊馬隆德拉（Marondera）長大。她的父母是受雇兼自給的農民，家中微薄的錢都花在食物上，幾乎沒有留給教育。中學教育的費用大約是每年六十美元，還要加上書籍、文具和制服。十三歲的艾斯娜絲以為教室的門會永遠對她關閉。

女子教育的全球整體情況正在改善。在過去二十年內，許多國家已經接近普及初等教育的狀態，不論性別為何。然而，有太多女孩都缺乏中等教育。在低收入國家，只有大約三分之一的女孩完成中學教育。為什麼呢？主要原因並非簡單的偏見——許多貧窮社會都承認女性接受良好教育確實有益——而是環境的不公邏輯。

在許多貧窮社會中，未受過教育的女性仍然可以擔任新娘和母親的角色，未受過教育的男性則可能難以找到工作，而且可能沒有別人可以支援他。學校往往離家很遠：寄宿需要花錢，女孩上學途中也有遭受性侵害的風險。中學教育經常與青春期和月經禁忌一同發生，而不易獲取昂貴衛生用品的狀況可能成為進一步阻礙。由

於這些因素，所以當經濟緊張時，只有男孩可以接受更高更好的教育。

不過，艾斯娜絲・迪瓦索尼很幸運。她從女性教育運動（CAMFED）獲得學費資助，這項運動是一九九三年在辛巴威創立的慈善事業，並在撒哈拉以南非洲地區推行工作。它已經援助大約四百五十萬名女孩。艾斯娜絲有了錢能夠支付費用和購買制服，還有一些額外的錢購買食物，她的學業表現很出色，並繼續上大學，如今成為一名鼓舞人心的女商人回歸故里。「我非常自豪，這是一項正在改變歷史及創造歷史的運動，而我能夠親身成為其中的一份子。儘管如此，只要想到如果沒有女性教育運動，我的生活會變成什麼樣子，我就覺得害怕。」

她不必費力尋找這個問題的線索，因為她的許多朋友都在十三歲輟學，而且如今已經有五六個孩子。她說：「她們唯一知道的就是生孩子。但可悲的是，擁有很多孩子並不是成就，而是妳和地球的負擔。」艾斯娜絲有一個兒子，叫做艾德爾．穆納什（Adel Munashe），現年九歲。

教育女孩的重要性和迫切性在全球都得到廣泛認可。馬拉拉．優薩福扎伊（Malala Yousafzai）在二〇一四年獲得諾貝爾和平獎，以表揚她為了讓女孩上學所推行的運動——這項運動幾乎要了她的命，因為巴基斯坦的一名槍手登上校車並開槍擊中她的頭部。世界銀行會優先考慮資助女性教育，因為該銀行近期的一份報告顯示，缺乏女性教育使全球經濟損失價值數兆美元的生產力。女性教育也是比爾與梅琳達蓋茲基金會（Bill and Melinda Gates Foundation）等大型慈善基金的核心目標。這些運動和資金正在發揮作用：隨著孟加拉等國將女孩的中等學校入學率從一九八〇年代的三九%提高至二〇一七年的六七%，全球的女孩受教率也正在上升。

女性教育運動的執行顧問菲歐娜・馬文加（Fiona Mavhinga）認為，此運動成功是加快推行速度的理由之一。她兒時曾因該組織的協助而獲益匪淺，但即使有女性教育運動的支援，她依然需要在市場賣花生才能買得起文具、書籍和一套制服。她已經收集到一些強而有力的統計數據：她告訴我，在撒哈拉以南非洲地區，受過教育的婦女平均有二・一個孩子，輟學的婦女則平均有六個孩子左右。「受過教育的女性可以選擇何時或是否結婚，以及想要幾個孩子。而由此建立的較小家庭可以更輕鬆地負擔學校教育的費用，進而創造良性循環。所以，女性教育可以全方面改變現狀。女性教育和人口成長之間有直接關聯，人口成長和氣候變遷之間也有直接關係。針對氣候變遷採取行動就代表針對女性教育採取行動。」

不過，女性教育運動在氣候變遷方面的企圖心不只是減少嬰兒數量而已。年輕的女性教育運動校友正在擔任氣候友善型農作的嚮導。她們正在推廣使用敷蓋（mulching），也就是將乾燥的草葉鋪在地上，以保留珍貴的水分並把更多碳鎖在土壤裡。而在其他地方，她們一直在製造有機肥料，或推廣使用舊塑膠瓶進行滴灌。艾斯娜絲．迪瓦索尼利用她在學校的優異表現而在大學修習農業，如今已經開辦一間飼養蟋蟀、蚱蜢、麵包蟲的昆蟲農場。

昆蟲（尤其是蟋蟀）是非洲飲食中常見的一環，因為在農作收成期間很容易捕捉牠們。艾斯娜絲在回收而來的塑膠水箱中飼養昆蟲，主要用廚餘來餵食牠們。牠們是廉價、高蛋白、低碳的食物。不過，她並沒有試圖壟斷市場，恰恰相反，目前她已經訓練二十五名農民，大多來自她以前的學校或當地社區。「牠們含有高達五〇%的蛋白質，而養殖牠們所排放的碳比牛肉少二十五倍。我愛牠們，每天吃一頓蟋蟀大餐絕對會很美妙。」

理想目標

讓所有女性接受至少達到中等的教育，加上擴大實施家庭計畫，能夠在二〇五〇年前將全球人口減少八億，這可以降低大約五%的溫室氣體。

如何實現

政府政策：優先資助和推行女子教育。脫貧策略。

安全：在校時間和上下學途中必須沒有任何性暴力或性騷擾的威脅。

健康：學校提供洗滌設施和經期用品。

歧視：有些社群認為女性教育沒有必要或甚至不受歡迎，這些觀念需要解決。

避孕：國際援助機構及國家政府為家庭計畫和性健康服務提供充足的資金和使用機會。

附加效益（比附加更核心）

更好的生活：婦女擁有更多知識、權力和選擇。

更富裕的生活：世界銀行的一項研究發現，每多接受一年中學教育，都與女孩的未來收入能力增加一八%相關。

平等：這本身就是一項目標。

22 天空之眼

Eye in the Sky

二氧化碳和其他溫室氣體的排放可能會終結我們的文明，所以你大概以為，我們應該會完全準確地了解溫室氣體排放的地點、時間及數量。可惜沒有。這些關鍵資訊零散、往往流於表面，而且通常是在事件發生後許久才姍姍來遲。大多數國家都在自陳國內資料，卻幾乎沒有經過驗證。可靠、詳細且最新的數據，能讓所有對減碳感興趣的人做出更好的決策，無論他們是公司、投資者、發明家、社運人士、政府或律師。可確實測量的數據變得非常重要，而關於二氧化碳量的清晰資訊就是即時追蹤大氣碳排放計畫（TRACE）正在規劃提供的內容。

「你無法管理你沒有測量的東西，而我們要做的就是測量。」TransitionZero公司（按：為「轉變 transition」及「零 zero」的組合字）執行長兼即時追蹤大氣碳排放計畫的合作夥伴之一，麥特・格雷（Matt Gray）說。即時追蹤大氣碳排放計畫是一個由關注氣候的非營利組織、科技公司、美國前副總統兼社運人士艾爾・高爾（Al Gore）所組成的聯盟。他們正在結合衛星影像、機器學習、私有和公有資料集來建立一個入口網站，用於監測全球任何位置的溫室氣體汙染。這個網站的資料是即時、公開且獨立的。

以下是它的運作原理。在歐洲、美國和澳大拉西亞（Australasia），即時追蹤大氣碳排放計畫會存取多數大型排放者（從發電廠到養殖工廠都不例外）的氣候相關資料，以及可以從地球軌道衛星「見到」的資料，例如這些企業的煙霧、蒸汽、熱煙流。另外也別忘了加入天氣圖。然後把這些所謂的「訓練資料」輸入人工智慧軟體。接著，程式會刻意忽略其中某些資訊，並預測出可能結果。該系統可以根據完整資料集檢查系統本身經過訓練所做的猜測，並逐步變得更加準確。只要這個程式成為「智慧型」系統，就可以將它應用在缺乏完整資料的地方，主要是南半球國家和較不開放的政體。舉例來說，如果你知道一些美國燃煤發電廠在各種天氣時的煤炭輸入量、蒸汽模式、熱特徵和碳排放，你的演算法就能直接從衛星影像可靠地推斷出一間印度發電廠的碳排放。這就像一名經驗老道的拳擊手能夠預測即將到來的一拳，因為他已經學會對手肢體語言的含意。他以前就見過同樣的肢體語言了。

遙測資料來自一組現有衛星，這些衛星每天都會對地球的每個區域進行成像處理，解析度達到三十公尺。計畫合作夥伴會提供計算機專業技能，和從陸地和海洋收集的資料，而且雖然產出這些數據的過程或許看起來令人費解，但我們知道可靠指標有多大的威力。你可以看看身體質量指數、學校排行榜或保險風險，這些數據都需要一些計算，卻可以主宰我們的生活。事實上，辨別氣候變遷罪魁禍首的迫切性已經引起該領域的小型太空競賽：二〇二二年年初，一個稱為碳地圖（Carbon Mapper）的組織宣布，他們將借助即將在二〇二〇年代中期之前發射的大約二十顆衛星，「從航空和太空途徑定位、量化及追蹤甲烷和二氧化碳的點源排放」。

可靠的測量結果會提供真實的氣候效益，有個很好的例子是美國國家環境保護局（US Environmental Protection Agency）的連續排放監測系統（Continuous Emissions Monitoring System），該系統每半小時會提供一次發電廠排放的溫室氣體資料。Google和臉書（Facebook）等想要減少碳足跡的大公司如今可以將他們的電力需求與高再生能源輸出的時間配對，也就是他們的大型資料中心可以「火熱」運轉的時間。反過來說，當電力主要來自化石燃料時，客戶可以努力降低自己的需求，並根據可靠的碳數據來購買碳抵換。

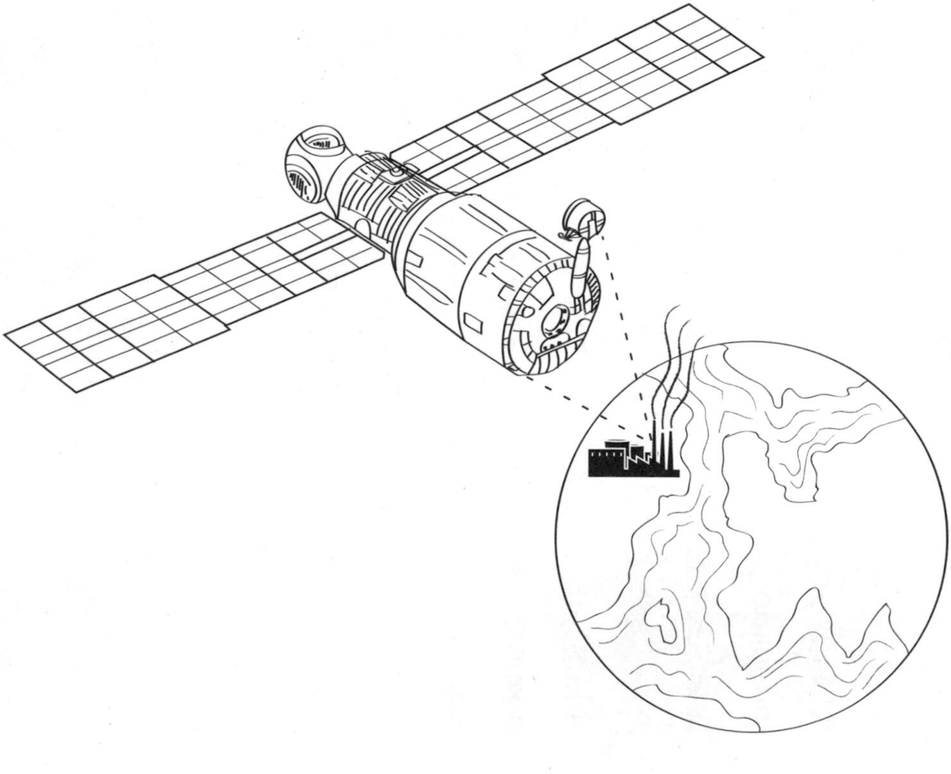

當然，強力的證據還有更具爭議的用途，就是逮住作弊行為。對於即時追蹤大氣碳排放計畫被視為全球碳巡邏隊的鑑識部門一事，麥特．格雷有點含糊其詞地說：「我們只是讓資料公開又準確，由別人來決定如何使用資料。」不過，即時追蹤大氣碳排放計畫深知讓溫室氣體「肉眼可見」的威力。許多國家已經保證會按照國際氣候協議中訂下的數量減碳，而這套系統將會驗證各國宣稱的成果，並讓他們承擔責任。「它可以辨別資料誤報和偽造，社運人士或律師都能夠使用它。」

社運人士普遍懷疑，某些國家和公司已經在他們的碳分數上撒謊，而隨著這個數字逐漸成為榮譽或恥辱的重要標誌，撒謊的誘惑將會更大。不可逃避的證據將有助於使他們保持誠實。麥特．格雷預期，這套系統在氣候資料通常不公開的中國會很有用，只不過是以一種意想不到的方式派上用場。「中國的情況不是你想的那樣。中央政府已經承諾會在二〇六〇年前達到淨零，但地方政府和國有企業往往會受到不同的優先事項所驅使，例如區域發展或經濟目標。因此，中國政府可以利用即時追蹤大氣碳排放計畫來監督國內省份。」

此外，許多低收入國家的資料之所以品質低落，是因為貧窮而非保密。他們只是因為價格昂貴才缺乏監控基礎設施。即時追蹤大氣碳排放計畫可以免費提供這些數據。

不過，即時追蹤大氣碳排放計畫不僅關注顯而易見的汙染製造者，例如重工業和發電業，也關注農業及船舶。十多年來，衛星一直在拍攝森林砍伐和土地利用的變化。接著，電腦模式識別程式可以「教導」系統退化土壤的樣貌，然後結合計畫內部人員的再生農耕專業知識，就能夠可靠地估計某一公頃土地可能會吸收或排放多少碳。公開這些資料會影響政府、超市甚至個別雜貨購物者的決定。

天空之眼對於測量海上排放特別有用。海洋智慧（OceanMind）是即時追蹤大氣碳排放計畫聯盟的一員，其背景是識別非法捕撈。該組織在人工智慧的幫助下分析衛星照片、船上定位信標和雷達資料，以辨別在錯誤地點從事錯誤行為的船隻。將該組織的軟體編碼結合其他組織在溫室氣體排放方面的專技知識，已經使他們的科技能夠即時定位監測貨船的煙囪。

這種氣候變遷解決方案的核心是一句古老格言「知識就是力量」。當然還有另一句是「金錢就是力量」。麥特．格雷認為，即時追蹤大氣碳排放計畫最大的氣候效益將會來自兩方面的結合：確保金融界能夠從正在傷害地球的地方撤出資金，並投資正在幫助地球的地方。簡而言之，即時追蹤大氣碳排放計畫可以讓資金做正確的事。

理想目標

準確、即時且可信的二氧化碳及其他溫室氣體排放資料，能讓人避免錯誤、減少排放甚至實施懲罰。這是一項賦能科技（enabling technology），可以促進減碳管制、政策和投資。

如何實現

・部署地球觀測衛星。

・公開提供可靠的排放資料。

・提高農業或林業等排放較分散的產業的資料準確性。

附加效益

衛星遙測和機器學習領域出現科學進展及新就業機會。

23 成為被告的碳

Carbon in the Dock

在搜尋社會中對於氣候變遷的突破時，我們會傾向關注發明家或工程師，或許甚至是教育工作者或農民，他們都發揮巨大的作用。不過，讓我們把安全帽換成灰色假髮，把扳手換成木槌，然後上法庭吧。

「法律是對抗氣候變遷時絕對不可或缺的工具。社會利用法律來呈現我們在任一時刻相信的事物。談到氣候變遷時，我們將需要從根本上改變我們的行為——我們經營工業、運輸、發電的方式。這一切都必須納入規定……那就是法律。」

以上是環境法律組織地球法律事務所（ClientEarth）的創辦人兼執行長詹姆斯・桑頓（James Thornton）所說的話。該組織已經在英國和歐陸的空氣汙染及氣候變遷方面獲得顯著的勝利。

桑頓是美國人，他相信他的母國在二十世紀下半葉的民權運動經驗中建構了環境法律的雛形。本質上就是使用法律手段賦予被壓迫者權力，無論是黑人群體或自然世界都不例外。他說：「以前，如果你是有色人種並主張自己的權利，你就會被捕。所以律師必須介入才能讓你出獄。然後他們協助制定新的法律，給予每個人平等的自由。民權運動的某些創始人認為環境運動同樣具有爭議性，並邀請一些最優秀的年輕律師從一開始就參與。」

那麼，這些敏銳聰慧的人如何利用法律來減碳呢？他們以合法方式檢驗政府的作為或不作為、憲法本身、國際條約和人權義務。公司可能面臨股東因為投資決策或原告起訴求償而提出的法律質疑，律師也可能成為制定新法讓減碳載入法律的驅動力。綜合這些因素，並根據格蘭瑟氣候變遷與環境研究所（Grantham Research Institute on Climate Change and the Environment）的資料，二〇二一年全球有兩千九十二項氣候法律和政策，以及四百二〇起氣候訴訟案件。

迄今為止，地球法律事務所最具影響力的成功行動之一，是根據都市空氣品質問題起訴歐洲政府。歐盟制定了基於健康考量的汙染物濃度限制，這些汙染物包括二氧化氮、二氧化硫和氣懸微粒。許多歐洲政府缺乏政策來處理此問題，導致很多城市都違反這些限制。地球法律事務所將他們告上法庭，並在英國、德國、義大利、斯洛伐克、比利時和其他多國獲得勝利，因此催生出空氣品質淨化區、柴油禁令、氫能巴士、電動計程車及腳踏車道。

雖然這些案例都與空氣品質有關，而二氧化碳本身從未上過被告席，但減少溫室氣體排放一直是極大的附帶效益。

其中一件明確聚焦在氣候的重大法律案件，是荷蘭非政府組織迫切議程基金會（Urgenda）因為政府減排目標不足而控告該國政府。其主張的依據是荷蘭政府必須遵守二〇一五年《巴黎協定》（Paris Agreement）議定的國際義務，以及按照《歐洲人權公約》（European Convention on Human Rights）所載之尊重生命權和家庭生活權的荷蘭國家義務。上訴法院裁定，科學已經充分清楚顯示，氣候變遷對於荷蘭公民的權利是迫在眉睫、甚至當前的威脅；最高法院同意此裁定結果，並責令荷蘭政府加強減排策略。

法院做出保衛氣候的裁決，並不僅僅發生在較富裕的國家。格蘭瑟研究所的法律專家喬安娜・塞澤爾（Joana Setzer）博士將世界各地的環境法律行動編成目錄，她表示這些行動自二〇一五年起大幅增加，多數發生在南半球國家，因為那些國家已經察覺氣候變遷的衝擊，而他們較為年輕、不那麼根深柢固的司法制度可以更加激進。在南非，一間由政府支持的大型新建燃煤發電廠在法庭上受到慈善組織非洲地球生命（Earthlife Africa）的質疑。該組織勝訴，因為南非政府沒有將氣候變遷納入環境審查。在巴基斯坦，一名農民成功起訴政府未能自行制定氣候變遷政策。

不只是政府感受到關於氣候變遷的法律壓力，公司也上了被告席。回到荷蘭，二〇二一年五月出現一項具有標誌性意義的判決，要求石油巨頭殼牌公司（Shell）必須在二〇三〇年之前將排放減少四五%。地球之友（Friends of the Earth）和綠色和平（Greenpeace）等環境慈善組織成功論證，殼牌公司在法律上有義務讓公司政策遵守《巴黎協定》。地球法律事務所利用公司法阻攔波蘭的一間燃煤發電廠，他們的方法是收購該公司股份，並援引一篇經濟研究來得出結論，煤炭發電是一項糟糕的長期投資。詹姆斯・桑頓以自己小而強力的投資組合為傲，他說：「我們親自起訴公司董事，說他們毀了我們三十歐元的投資，他們應該投資再生能源才對。我們打贏了官司，公司的股票市值居然上漲了。」

塞澤爾博士表示，訴訟也被當作一種對抗公司的公關武器——即使公司在法庭上勝訴，也往往在輿論中敗訴。有個引人注目的例子是柳亞訴萊茵集團案（*Lliuya v. RWE AG*）：索爾・盧西亞諾・柳亞（Saul Luciano Lliuya），一名祕魯農民控訴德國一間能源生產巨頭。他聲稱，隨著時間過去，萊茵集團（RWE）排放的溫室氣體已經使安地斯山脈的冰河融化，周遭的城鎮都受到洪災的威脅。他只求償兩萬一千歐元，但這場廣受媒體歡迎的「大衛與歌利亞之戰」（按：比喻小蝦米對大鯨魚）對於萊茵集團造成的損害遠遠不只如此。然而，這不僅是公關問題。一間能源公司需要對地球另一端的冰河融化承擔多少責任？審理這種議題的法律辯論非常有用，而判決也可能開創重要先例。

不過，或許律師可以在法庭之外和權力走廊之中發揮最大的影響。他們密切參與制定新的氣候政策，無論是《歐洲氣候法》（European Climate Law）、美國的綠色新政（Green New Deal）或是英國開創性的《氣候變遷法》（Climate Change Act）都不例外。在巴西，律師已經集結成一股抗爭運動，反對氣候不友好的總統雅伊爾．波索納洛（Jair Bolsonaro）政府。他們合作起草新法律、宣布進入氣候緊急狀態，並提出新的排放目標來應對這場危機。我在寫這章時，該國議會正在針對這些法律進行辯論。

當然，每起法庭案件都有兩個陣營，許多出色的律師都熱切地為化石燃料公司及無法應對氣候變遷挑戰的政府辯護。但整體而言，塞澤爾博士認為她能夠看到情勢正在改變。她說：「大多數律師和法官現在都是解決方案的一份子。」

理想目標

每個國家都設立強而有力的氣候變遷法律，明確列出目標和懲罰。

如何實現

宣傳：氣候變遷立法運動。

民主：投票給承諾會制定有效氣候法律的政黨。

科技：低碳創新讓政治人物能勇敢行事。

附加效益

・更乾淨的空氣。

・受保護的自然。

24 肉的未來

Meat the Future

「如果你還在吃肉、乳製品和魚，你就不能宣稱自己是環保人士。我不管你有多少學位，或做過多少演講；如果你沒有付諸行動，你就不可能是環保人士。」幾年前，好萊塢導演詹姆斯・卡麥隆（James Cameron）對我發表這段直截了當的言論。他是《鐵達尼號》、《阿凡達》及創造《魔鬼終結者》系列電影的導演。從飲食中減少肉類攝取，或許是最容易引起分歧的減碳解決方法；有些人認為這是再明顯不過、無需思考就知道的事，有些人則認為這是對傳統和自由的攻擊。

「這個話題成為一場文化戰爭，雙方都有極端觀點。這讓政府等大型參與者更難採取行動。」經營好食聯盟（Eating Better）的賽門・彼林（Simon Billing）說。該組織致力於將英國的肉類消費量在二〇三〇年之前減半。不過，他們的做法是多給誘因，少施懲罰。「你不能去告訴人們該吃什麼。你需要創造一種食物環境，讓用餐者想要攝取對地球比較有益的食物。吸引人比逼迫人更加容易。」

賽門的組織與政府、商店、農民和廚師合作，推廣誘人的素食食品和優質肉類，這代表動物的生活品質更高、食物的味道更棒，對健康也更有益。此外，肉類消耗降低就代表農牧業所需的土地減少，因為放牧家畜將草料或飼料穀物轉換成肉的效率相當低。「幾年前，我曾去過我們最具聲望的烹飪學院之一，當我問到素食訓練時，他們說這放在『水煮與蒸』課程大綱裡。這種現象必須改變。」

從田園到餐桌，食物的生產占人為溫室氣體排放的四分之一左右，而且由於不同食物有截然不同的碳足跡，所以我們吃什麼是個人影響力很大的少數領域之一。我並不是要針對不同食物的氣候衝擊提供詳細分類（有些書整本都在討論這個主題），但廣義上來說，有些人會攝取大量紅肉、進口淡季蔬菜，把乳酪當作甜點，最後再喝一杯牛奶，而有些人則喜歡吃當季當地的水果、蔬菜、穀物、豆類，前者對全球暖化要負的責任可能比後者更多。我們大多數人都介於兩者之間。

安迪・瓊斯（Andy Jones）喜歡醫院的食物。他是一名訓練有素的廚師，而且他也喜歡學校和監獄餐廳的食物，因為他經營一個稱為PS100的組織，是公共部門餐飲服務商的貿易機構，這些餐飲服務商每天在英國提供大約一百萬份餐食。在二〇〇〇年代初期，他深入參與了提倡讓學校食物對學生更健康的社會運動；如今，他希望讓所有社會機構的食物都對地球更健康。「我們是國家健康的守護者，我們將人們帶到這個世界。令人難過的是，我們也在安寧療護中陪伴他們離開。我們教育大眾，而且有機會帶領他們做出對自己和氣候有益的變革。」

二〇一九年，他向公共部門餐飲服務商提出一項挑戰，就是將肉類消費減少二〇%，並讓剩餘的肉類品質更高，亦即少卻更好。安迪．瓊斯的祖父在萊斯特郡（Leicestershire）擁有一座小農場，所以他的童年大部分光陰都待在農民身邊，而他的兄弟後來在加拿大經營一座肉牛牧場。他本人並不是素食者，但他完全了解大眾對於更多植物性飲食的需求。他很不喜歡有人暗指這只是一種中產階級風尚，但他也承認，讓各個社會機構廣泛採用，是觸及社會所有層面的好方法。在學校習得或在住院期間體驗的飲食習慣，可能會隨著民眾一起回家。這有助於普及植物性飲食的訊息。

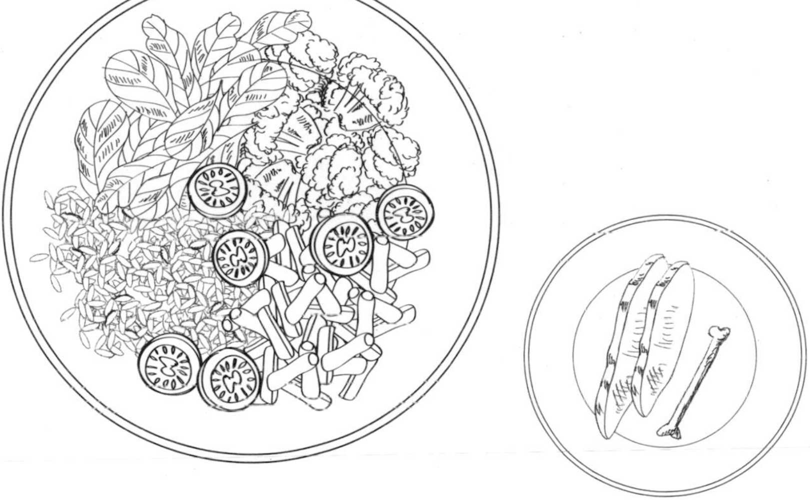

他的倡議似乎正在發揮作用，他與將近五分之四的餐飲服務商合作，減少菜單上的肉類，並增加大致相同比例的豆類蛋白質。稍微超過一半的服務商正在減少使用豬肉及加工肉類，還有一小群服務商提供「假肉」作為替代品。

這項成就是結合定價、適度誘導和更好的烹調來達成的。樸茨茅斯大學（Portsmouth University）提供一種稱為「甘藍讚」（Kale Yeah）的素食集點卡，規定第七次購買素食可以免費。在愛丁堡納皮爾大學

（Edinburgh Napier University），「無肉星期一」使整年的植物性膳食銷售量提高三千份。許多安養機構只是將素食選項放在菜單開頭，就成功鼓勵更多的植物性飲食。諾丁漢大學醫院信託基金會（Nottingham University Hospitals Trust）正在推行一份新的獨立素食菜單，其中所有食材都源自當地供應商。

好食聯盟的賽門・彼林表示，在超市巨頭的走道上，可以看到植物性食品的吸引力日益增加——即食蔬食區正在迅速發展。但他說，他們還可以做更多事，利用價格、促銷、知名度來加速這個趨勢。賽門表示，為了實現重大變革，我們需要讓大型參與者加入。正是因為能源公司、政府、發明家齊心協力，我們才在脫碳電力領域獲得成功；如今我們需要在食物領域看到同樣的現象，因為農業和食品部門產生的排放依然居高不下。「淨零目標改變了整體情況，因為我們無法再繼續忽視食物排放，但〔政府〕高層還是有人寧可不討論飲食問題。」

我們對食物的決定，是能夠清楚展現我們通常如何應對環境問題的好例子。無論是駕駛小型汽車、減少搭乘航班的次數或調低暖氣溫度，有些人將會改變自身行為，因為這是正確的做法，但大多數人不會改變，而說教也沒什麼用。事實上，賽門‧彼林認為，為了向更加氣候友善的飲食邁進，我們需要對社會機構的變革施加更大壓力，對餐桌上的改變施加更小壓力。他說：「我不希望討論你餐盤裡有什麼食物，以及你吃什麼食物。至少不會從氣候的角度來討論。食物關乎的是一起享受美好事物，這是一種不需要有罪惡感的正向經驗。」

理想目標

在二〇五〇年前將我們食用的肉類和乳製品減半，以減少七%的溫室氣體排放。

如何實現

- 提高素食選項的品質、取得機會和吸引力。

・加強動物福利法規，以改善家禽家畜的福祉並提高肉類的價格，進而推動朝向「少卻更好」的轉變。
・採用可靠的碳標示，透過消費者的選擇推行更加氣候友善的生產方法。
・更好的食物和烹飪教育，以傳播製作美味植物性飲食的技能。

附加效益

・少吃加工肉類以改善人類健康。
・改善動物福利。
・家禽家畜減少，代表留給自然的土地增加。

25 原住民的訣竅

Indigenous Knowhow

維克多・史蒂芬森（Victor Steffensen）在南澳阿德萊德（Adelaide）的中心位置起火，他在中間休息時與我交談。「我身邊三百六十度圍繞著高樓大廈、汽車和高架道路，而我剛點燃了這座公園。」

維克多從父親那邊繼承維京人的血統，母親則是昆士蘭北部塔加拉卡人（Tagalaka）的後裔。他的行為不是縱火，而是冷燃燒（cool burning），這是一種他從原住民祖先那裡學來的技能。「火不一定會構成威脅。如果做得正確，火也可以保護生命。」

原住民僅占全球人口的四%，但他們的活動領域涵蓋將近二五%的土地和八○%的生物多樣性。從枯竭的赤道叢林到融化的北極浮冰，他們的家園經常處於氣候變遷的前線，但許多人不願被簡單視為象徵性的受害者及富裕世界愧疚感的載體：他們對自然世界的嫻熟掌控能提供幫助，他們也受夠了遭到忽視的日子。

維克多．史蒂芬森相信，運用他們的智慧會是氣候變遷解決方案之一。他說：「原住民科學有數千年的知識，但西方科學完全不聽。它直接忽視我們，這太讓人沮喪了。西方科學還那麼年輕。」

澳洲在二〇一九與二〇二〇年之間經歷毀滅性的野火，焚毀面積比英格蘭及威爾斯的總和還要大一點。由於氣候變遷引發異常乾旱，以及透過大量碳排放導致地球暖化，所以野火災情更加惡化。維克多．史蒂芬森正在領導一個逐漸壯大的群體，他們認為如果澳洲遵循原住民的土地管理方式，就可以在很大程度上避免野火發生。

在正確時間和正確地點燃燒，一直是保護灌木叢免於發生更大火災及鼓勵更多動植物生長的關鍵一環，能夠減少燃料及增加食物。火勢可以受到控制，而且溫度相對較低，主要燃料是稀疏的草叢。這不僅讓樹木及其樹冠保持完好，火勢也會迅速掠過土壤，保護未來的種子及土壤碳。野火以前是澳洲的一大特色，探險家詹姆斯．庫克（James Cook）船長曾評論過他從船上就能看到的煙霧。

維克多．史蒂芬森聆聽長老的教誨，因而學會如何「解讀大地」。他會觀察地景、樹木、土壤溫度甚至特定花卉，以判斷何時何地適合點燃灌木叢。這類知識經過幾世紀的磨礪，提供一套非常成熟的技能，可以調整植被來產出更多動植物餵養原住民，並消除危險野火的威脅。他們改變自然，以便與自然一起茁壯成長，這相當於狩獵採集者的智慧農業。

然而，在過去兩百年內，這些技能不是已經佚失，就是遭到大力禁止。許多原住民群體定居在國家公園，該區域特別禁止焚燒。作為入侵種的草和樹木往往更易燃，它們已經在許多地方紮根生長。房屋和城鎮根本是建造在火鐮袋（tinderbox）裡（按：比喻為建在危險地帶）。

「二〇一九年的時候，大家完全沒有準備。」維克多．史蒂芬森說，「有些地方已經四十年沒發生過火災了。那些地方有錯誤的植被、大量的燃料、嚴重的乾旱；那就是一顆定時炸彈。」

當那顆「炸彈」引爆，使野火肆虐時，許多人注意到，野火遇到由原住民燃燒管理的區域時經常會逐漸熄滅，這些區域受到保護。自那時起，澳洲就非常需要維克多和其他具備類似知識的人，以幫助土地管理者及消防部門進行更好的規劃。但他說，這是一個緩慢的過程。「這很困難，因為知道如何解讀大地的人不夠多，而當權者又不想要放棄控制。不過，歸根結柢就是要遵循祖輩流傳下來的自然知識，而不是西方法律。」

這種說法雖然強而有力，卻可能會讓人覺得是嬉皮的陳腔濫調；儘管講得很好聽，卻與擁有七十五億人口且受到科技驅使的地球沒有真正關聯。不過，我們面臨氣候緊急狀態時，很多解決方案的重點都在於與陸地和海洋和諧共處的新方式，包括本書提到的許多解決方案。氣候科學機構稱之為「以自然為本的解決方案」，並在會議和研究論文上強化這一概念。維克多表示，我們才剛開始覺醒。「我確實翻了白眼。朝向『以自然為本的解決方案』衝刺是很受歡迎，但起步得太晚了。這證明原住民一直提倡的一切都是正確的。」

這個問題有很大一部分是氣候科學與原住民知識來自截然不同的文化，並使用不同的語言。黛安娜．馬斯特拉奇（Diana Mastracci）是委內瑞拉人，在蘇格蘭研究人類學，並與西伯利亞遊牧民族共同生活數年。她正努力在氣候科學與原住民知識之間進行翻譯。她會說五種語言，這大概也有所幫助。她會定期舉辦「黑客松」（hackathon），邀集原住民和西方軟體專家設計能結合傳統知識及高科技資源（尤其是地球觀測衛星）的應用程式。「重要的是，這個群體需要選擇研究結果、納入適當的驗證，並尊重耆老的知識。」

這類科技正在幫助厄瓜多的舒阿人（Shuar）重新種植退化的森林、幫助肯亞北部的桑布魯（Samburu）部落了解持續變化的動物遷徙模式，也幫助阿拉斯加的伊努皮雅特（Inupiat）原住民預見海冰的變動。在每個案例中，都有雙向的知識傳遞。舉例來說，伊努皮雅特族本身擁有可追溯至數百年前的海冰紀錄，這些紀錄來自伊努皮雅特「捕鯨船長」，他們在皮艇和浮冰邊緣獵捕弓頭鯨。海冰一直是食物和材料的重要來源，所以了解海冰的習性是生死攸關的大事。如今，這些當地收集的資料能夠結合太空俯瞰影像，並輸入科學模型。

不過，培養這種合作並非易事，因為在許多地方，科學曾經是、現在依然是殖民剝削或商業開發的一部分。黛安娜．馬斯特拉奇表示，阿拉斯加當地的伊努皮雅特族為科學家取了一個綽號：「北極松鼠，因為他們只在夏季來，不問就收集東西然後消失，什麼都沒有留給當地群體。」

儘管現在大多數西方研究人員抱持更加尊重的態度，但偏見仍然存在，正如黛安娜自己在阿拉斯加親眼目睹的一樣，當時她向一些科學家詢問他們的研究——她的西班牙膚色在某種程度上解釋了他們的反應，卻絕對不能因此得到原諒：「他們以為我是伊努皮雅特人，然後他們對我說反正我也不會懂，或者把我當小孩一樣非常緩慢地跟我說話。我真的很震驚，但其他伊努皮雅特女孩說：『這很正常，他們就是這樣對待我們的。』我很羞愧，因為我覺得他們一定都用這種方式對待當地群體。」

應對氣候變遷時，最簡單的原住民解決方案應該是，只要他們想要，就有權將所有採礦、農業、伐木、鑽探活動都排除在他們所占的那四分之一個世界之外。

或者可以用維克多・史蒂芬森的話來解釋。當他被問到當局可以做什麼來聽從原住民群體的意見時説道：「跳上副駕駛座，換我們來駕駛吧。」

理想目標

保護全球原住民居住的四分之一土地，並將他們的知識更廣泛應用於土地、火災和水務管理。此舉造成的影響無法估算。

如何實現

- 改革政府、國際機構和科學機構，讓原住民在決策中占有一席之地。
- 終止開發利用原住民群體的剩餘家園，從熱帶森林到北極都不例外。

附加效益

- 原住民文化及語言獲得工業化社會的尊重和／或保護。
- 社會正義。
- 保護富有生物多樣性的半野外棲地。

26 錯誤崇拜

At the Wrong Altar

「你可以將氣候危機和對抗危機的失敗作為歸咎於 GDP——國內生產毛額（gross domestic product）——你也可以將全球存在的不平等歸咎於 GDP。它已經成為一頭需要停止前進的野獸。」

威爾斯的未來世代權利委員（future generations commissioner）蘇菲・豪（Sophie Howe）說。如果你住在威爾斯，你孩子的命運就在蘇菲・豪的工作描述裡。她是一群日益壯大的環保人士和經濟學家的一員，這群人現在認為，我們對 GDP 的癡迷正在助長氣候災難的發展。

你總是會在新聞中聽到和看到 GDP 數據，往往是以百分比上升或下降來呈現，並被視為國家成功或失敗的代表。「中國的 GDP 成長接近兩位數」等於國家發展良好，相對於「歐洲的 GDP 成長停滯不前」等於歐陸陷入困境。《牛津參考字典》

（*Oxford Reference Dictionary*）將國內生產毛額定義為「一個國家在一定時間內（通常是一曆年）生產之所有最終物品及服務的總市值」。它已經成為衡量經濟活動和國家活力的公認標準。如果六個月缺乏 GDP 成長，這種現象的正式名稱是「衰退」，也是國家失敗的恥辱烙印。

不過，對於關心地球自然和未來的人而言，GDP 有兩大問題。首先，假設你小時候曾經爬過一棵高大的橡樹，這棵樹讓蝙蝠、鳥類及昆蟲擁有棲身之所。它在夏季提供遮蔭，在冬季提供庇護。它將碳固定了好幾個世紀。可是它對國家 GDP 毫無貢獻，直到你砍下了它。接著就進入經濟繁榮時期，為伐木工人、木匠、家具店、木材燃料銷售商提供工作。GDP 不僅忽視自然的內在價值（自然資本），也忽視自然資產現在及未來可以給予的人類福祉——GDP 會持續成長，直到你砍下最後一棵樹為止。GDP 的祝福是落在摧毀自然產生的金錢和活動之上。

其次，GDP 會助長大眾對經濟成長的癡迷，而在邏輯上，當人類與全球自然系統達成平衡時，這種癡迷是無法同時存在的。有些人將整個地球視為一具有限的人體，他們認為應該把膨脹的經濟當作惡性增生，也就是癌症。如果未來三十年的GDP 成長遵循類似於過去的軌跡，那麼到了二〇五〇年，我們的全球經濟將成長三倍，這會使許多國家訂於該日期的零碳目標變得更難實現。如果一個國家認為公民的平均水準和國家的整體水準已經足夠富裕，就不再需要讓經濟成長，但是按照 GDP 來衡量，該國會被視為徹底失敗。

解決方法是使用強硬到足以抵禦 GDP 攻擊的法律或指標，而在威爾斯，他們或許已經找到這個方法。《後代福祉法》（The Well-being of Future Generations Act）規定，威爾斯的公共機構必須思考他們的決策對環境、氣候、貧窮和健康造成的長期影響。推動這種「思考」的女性就是蘇菲．豪，她戴著一條裝飾領口的銀色項鍊，上面寫著「Chopsy」。這個詞是威爾斯俚語，可以用來指頑強自信的女人，而蘇菲．豪已經贏得這個稱號。她說：「我可以用這個法案當作抵禦 GDP 巨龍的盾牌。」

她之前反對過一項計畫，該計畫的預算為十四億英鎊，目的是改善 M4 高速公路在昆特郡（Gwent）的一處二十公里路段。那裡的交通堵塞一直被形容為「一隻踩在威爾斯經濟脖頸上的腳」。潛在GDP成長的數據經過彙整，成為這項建設計畫的主要論證。但它怎麼衡量對後代的影響呢？當支付鉅額帳單所需的借款將由這些後代償還時，這就是一個與後代特別息息相關的問題。交通流量會增加、空氣汙染可能會惡化、碳排放會升高，重要的昆特平原（Gwent Levels）自然保護區也會遭到損害，但那筆錢的一小部分其實可以用於新火車站、新公車路線，並提供更多步行和腳踏車設施。這些用途都能將人類及環境的未來健康保護得更好。

豪贏了，繞行道路計畫被放棄了，而她相信大部分功勞一定都屬於這項法案。她說：「這項法案提倡更全面的處理方式，有助於限制GDP這頭野獸。」

然而，GDP成長真的是這麼可怕的野獸嗎？對於這個在上個世紀左右帶來健康、財富和幸福的朋友，我們真的應該跟它「解除朋友關係」嗎？比起GDP，有些人認為我們更應重視世界幸福指數（World Happiness Index）。值得注意的是，這項指標排名前五的國家是芬蘭、丹麥、瑞士、冰島、荷蘭，這些國家都相當富裕。

備受尊敬的經濟學家黛安・柯爾（Diane Coyle）在二〇一四年寫了一本書，名為《GDP的多情簡史》（*GDP: A Brief but Affectionate History*）。我問她，我們是不是該結束這段友誼了。

「GDP 的影響力正在消退，但 GDP 與工作有關，也與創新帶來的生活水準提升有關。這就是為什麼我並不是一個去成長支持者（degrowther）。如果 GDP 成長為零，我就只能讓人們放棄其他東西才有辦法發明疫苗了。」

正如前文所述，GDP 停滯或下跌是衰退，對人類的影響也是真實存在的。人們會遭受失業、收入損失、自尊心降低的痛苦。因此，眼前有兩條路。一條是發展真正環保的經濟成長，可提供良好的就業機會，卻不需要以減少自然資源為代價。本書的許多章節都將減碳產業的成長及其將提供的就業機會描述為「附加效益」，因為經濟成長並不是本書的重點，但很多政治人物和經濟學家都把這種「綠色成長」視為支持脫碳的核心原因。

另一條路是制定穩定的指標來量化和讚揚環境德行，人們可以藉此衡量前文提到的綠色成長。這並不容易，因為在「優良」和「糟糕」產業之間的分界線將會受到激烈爭論，但它至關重要，因為就像這社會的運作法則，可以測量的東西變得很重要。另一個迅速獲得支持的衡量指標是「自然資本資產指數」（Natural Capital Asset Index），它可以校準森林、漁場、生物多樣性或乾淨水源等自然資產的損失或成長。

不過，根據黛安．柯爾的看法，任何重要指標都需要由媒體賦予知名度，而媒體並不願意放棄他們熟悉的 GDP 敘事。她說：「記者與 GDP 的主導地位串通。想讓自然資本衡量指標擁有跟 GDP 相同的知名度，媒體需要扮演很重要的角色。」

蘇菲．豪的看法又更加強烈，她說：「媒體就是 GDP 崇拜的罪魁禍首。」

因此，讓我們最後請英國廣播公司新聞的經濟事務編輯費薩爾．伊斯蘭（Faisal Islam）說幾句話。他經常提供最新的 GDP 數據。

「毫無疑問的是，我們衡量經濟的方式會產生意想不到的後果。不過，GDP 的連貫性對於比較不同國家和不同時期很有用。目前觀眾還不太容易理解自然資本的衡量指標，所以報導這些指標的逐季變化不會有太大意義。」

由於生機勃勃的自然對於我們的生存至關重要，所以現在該讓重要的事情變得可以測量，而不是反其道而行。

理想目標

讓GDP、自然資本指數、幸福指數的衡量變得同樣重要。

如何實現

- 經濟學家和社會科學家進一步研究，讓自然資本的衡量方法更加穩定及標準化。
- 媒體報導自然資本指數及幸福指數。

附加效益

減少破壞自然世界的動機。

27 不塞滿
Unstuffed

我們的溫室氣體排放總量大約有四分之一來自製造物品，例如道路和越野車、衣服和洗衣機、建築物和書籍。

讓全世界變得悶熱的物品中，作用最大的是水泥和鋼鐵，我們會在第三十四章及第三十六章介紹減少其碳足跡的努力成果。不過，這些方法不會很快奏效，所以我們能不能直接少用點水泥和鋼鐵呢？劍橋大學工程學教授兼《張開雙眼看看永續材料》（按：暫譯，原文為 *Sustainable Materials – With Both Eyes Open*）作者朱利安・奧爾伍德（Julian Allwood），相信透過把物品設計得更好、將它們保留得更久並學會分享，我們就可以依靠更少的物品過好生活。「以汽車為例：我們乘坐比較小的汽車，依然可以非常順利、舒適又安全地旅行。三十五年前，當時我還是博士生，我的汽車大約是七百五十公斤重。如今普通汽車的重量幾乎翻倍。現在我們每年為地球上每個活人製造的新鋼是我們自身體重的三倍。」

這種「物品量膨脹」（按：stufflation，為「塞滿stuff」及「通貨膨脹inflation」的複合字）的現象之所以發生，是因為高效的生產和人為造成的能源低價代表原料相對便宜，無論是水泥、鋼鐵或棉花都不例外——這比投資聰明人來減少原料使用還要便宜。朱利安・奧爾伍德表示，這種現象使製造商貪於原料，怠於設計。他引證辦公建築過度使用鋼骨鋼筋混凝土的狀況，說：「大多數新辦公大樓的設計（承重）規格都是每平方公尺七千牛頓。這相當於在小於一平方公尺內有七個成年男子的重量，而且是每平方公尺都有這樣的重量。要和另外六個人靠那麼近……我連這種事有沒有可能做到都不確定。」

許多建築物都是由幾乎通用的鋼製I型樑支撐，如果讓I型樑的跨距中間比兩端更厚，就能使它在減少三〇%鋼材的情況下維持相同強度，因為按照物理定律，中央位置承受的壓力較大。不過，這需要為每種跨距、每種樑進行設計，而不是直接從統一的板條切下一段長度即可，就代表需要更多的工作與更多的思考。如果鋼製食品罐頭不需要設計成在倉庫裡堆放高達五十層，而且罐頭內容物能夠在較低壓力下烹製，就像鋁製罐頭一樣，那麼它們的重量可以減輕三〇%。

使用壽命延長有一部分與將橋樑、建築物或床設計得更耐用有關，但也與我們對此的態度有關。Land Rover（按：汽車品牌）在一九四八年開始打造經典四方造型的 Series 3 設計，如今其中超過半數依然可以在路上見到，部分原因是它們的抗腐蝕鋁製車體，但也因為人們喜愛這款設計。我有一輛不再適合我或任何家人的登山越野車，但我依然保留它，因為這輛車的設計非常美，而且將會對後代有所用處。多功能性也可以延長使用壽命。仔細規劃建築物，以便未來可以調整它的用途，這相當於在同一台電腦硬體中進行軟體升級，只不過是實體形式的升級。

在設計和使用壽命之後，朱利安・奧爾伍德對過多物品的第三種補救措施是增加使用強度。「我們每個人都擁有三種建築空間：睡覺的地方、工作的地方，以及商店、餐廳或電影院等休閒場所。所以，我們擁有的建築空間是我們所需的三倍。讓可重新配置的房間或家具在一天的不同時段改變用途，能夠帶來巨大的市場機會。我們真的需要更多辦公空間嗎？尤其是經歷過疫情大流行封城期間的居家工作以後，這個問題更加明顯。另外，英國的兩千八百萬輛汽車平均一週只使用四小時，我們可以用 Airbnb 模式，與值得信任的車主和使用者共享這些汽車。」

事實上，這種情況正在發生。在北美洲和歐洲，人們正在透過能讓其他人付費借用車輛的應用程式，加強對車輛的使用。智慧型手機上通往數位世界的入口正在撼動另一個不利於環境的產業：服裝及消費品。透過社群媒體平台和專門應用程式，「曾經愛過」（pre-loved）已經成為一個表達喜愛之情的新詞。市場分析師預期，全球二手市場將會成長兩倍以上，從二〇一九年的兩百八十億美元至二〇二四年的六百四十億美元。

衣物交換平台「新衣櫥」（Nu Wardrobe）的創辦人艾斯琳・伯恩（Aisling Byrne）是推動這股趨勢的企業家之一。「我在成長過程中非常喜歡快時尚，但二〇一三年我在印度，那年發生了孟加拉〔熱那大廈（Rana Plaza）〕服裝工廠事故，導致一千多人喪生，我認為這是集體恥辱的時刻——為什麼我從來沒質疑過快時尚？我回國以後，覺得最挫敗的是我努力與其他人討論這件事，並讓他們覺得愧疚，卻沒有任何真正的解決方法。派對上沒人想跟我說話了。」

受到這種新意識的祝福（或詛咒），艾斯琳也開始關注時尚對環境的影響，包括無法永續發展的用水需求、農用化學品的濫用，以及來自農業、製造業、運輸業的大量碳足跡。她的解決方案是一個回收新奇衣物又不需要付錢的網站。只要提供自己的衣服來交換，你就會獲得一枚代幣，讓你可以自行取得某樣衣物。衣物不會受到精確估價，但會依據品質來給予銀色代幣或金色代幣。收件人需要支付郵資。你從衣櫥裡送出的衣服愈多，你能更新的衣服就愈多。介於十六至三十五歲的女性是該網站的主要市場，艾斯琳也同意，他們並不需要在衣櫥裡添加這些衣服，但那不是重點。她說：「我們必須站在人們的角度考慮。我們可以給他們能夠負擔的不同品項，讓他們不需要犧牲就能擺脫快時尚。」

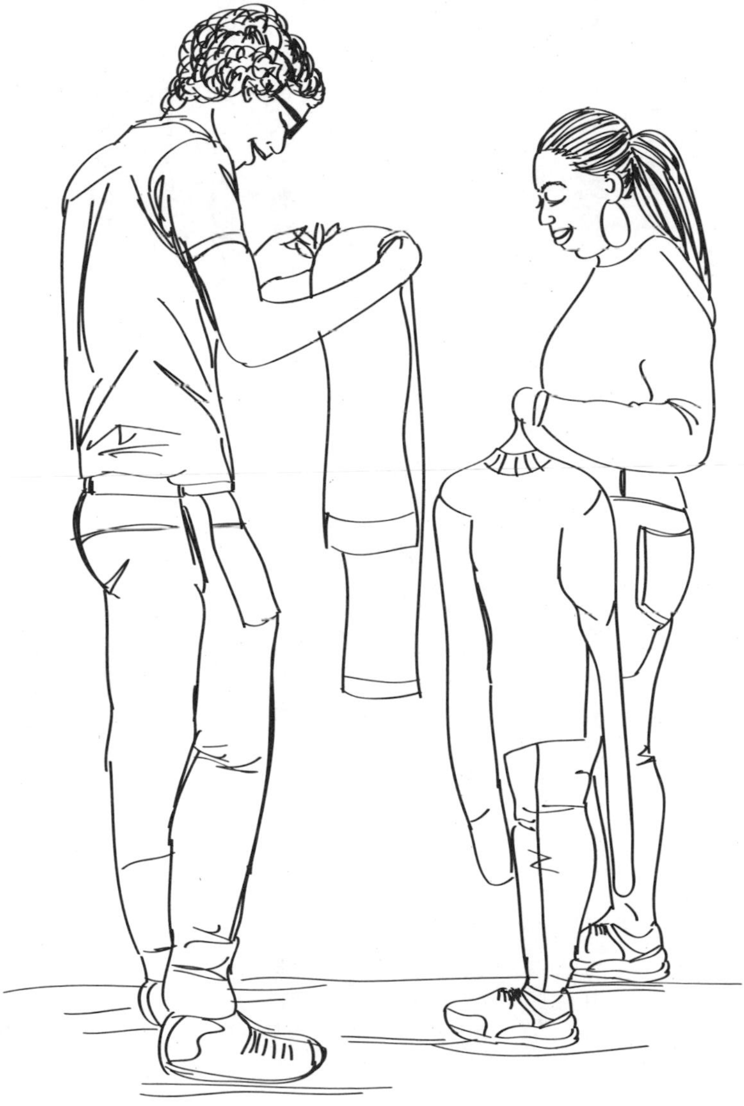

維修、回收、交換和二手交易，正在應用程式、社群媒體平台、eBay上蓬勃發展。這代表我們能夠避免數以百萬計的物品被扔進垃圾桶，也能避免數以百萬計的物品伴隨著碳排放被製造出來。而這種行為不僅僅是由獲得新物品的衝動所驅使。人們喜歡接受東西，也同樣喜歡給予東西：就像《玩具總動員》（*Toy Story*）裡的玩具，我們似乎很喜歡自己曾經愛過的物品再次受到珍惜的想法。

朱利安．奧爾伍德教授樂見這些變化，但他表示，我們不應該高估家庭選擇對環境的影響力，因為只有六分之一的材料最後會進入家庭。「關於永續消費的所有文獻都聚焦在家庭事務上，所以許多學術論文都跟洗衣機有關，這很有趣，卻不是那麼重要。我們在家裡不會買很多水泥和鋼鐵，所以在我們可以對材料做的事情裡，最重要的發生在工作期間。當老闆開始談論新的建設計畫時，我們應該說：『讓我們重新配置我們已經有的物件吧，或者如果你必須重建，就把它設計成可以維持兩百年，而不是三十年。』」

理想目標

減少以能源密集製程生產的新物品。在交換、共享、維修經濟中創造更多就業機會。能夠減碳，但無法量化。

如何實現

- 提高化石燃料的價格，以鼓勵原料的經濟使用。
- 變更建築法規來提高資源的有效運用，並改變產品法規來讓產品維修得以進行。
- 質疑是否真的需要大型運輸基礎設施計畫。
- 進一步數位創新，讓產品可以共享。

附加效益

- 減少廢棄物。
- 降低原料開採的破壞性。

運

輸

Transport

28 平滑的船
Slippery Ships

「你好，我是一隻藤壺，正在尋找我的第一個家，一個讓我真正感到安全又依戀的地方。堅固的基底是必不可少的條件，如果是角落的位置會很棒，而且我喜歡跟我的同類生活在一起。幸運的是，我剛注意到一片新出現的巨大堅固表面，上面有一層親切的海洋黏質物塗層和一些拓荒的移居者。搞定了。」

在協助將世界從過量二氧化碳拯救出來的學術探索中，了解藤壺的決策是不太可能出現的選項之一……但它很重要。用於船舶的燃料占人為碳排放的二%以上，且正在隨著日益增加的貿易而穩步提高。平滑的船體能輕易在水中滑行，減少燃料消耗，而黏附海洋生物的船體則會產生極大阻力。國際海事組織（International Maritime Organization）的圖表顯示，所謂的生物汙垢（biofouling）會使燃料用量增加高達四分之一，並伴隨碳排放導致的後果。

普利茅斯海洋實驗室海洋生物汙垢與腐蝕中心（Centre for Marine Biofouling and Corrosion）的安娜・尤尼（Anna Yunnie）表示，在船舶的氣候衝擊方面，清潔的重要性次於無垢。她說：「如果船的表面上有任何粗糙的地方，就會增加阻力。你可以想像推動一艘船在水中行進所需的力量，然後在船的表面加上滿滿一層藤壺，你就會需要遠遠更多力量。能量效率可能損失一二％到五五％。這可能會使一個月航程的燃料成本增加一百萬到三百萬美元。」

而這代表有大量不必要的二氧化碳從煙囪排放出去。為了向我展示我們討論的對象，安娜・尤尼從普利茅斯港的水中拉起一個覆滿藤壺的浮標到突堤上。這枚浮標具有怪異雜亂的形狀和質地，看起來就像因為長得太醜而在皮克斯的《海底總動員》（*Finding Nemo*）試鏡失敗的所有生物大集合。不過，這並不會讓安娜困擾。「我對汙損生物很感興趣。」她在辨別每種生物之前如此說道。

「如果你把任何物品放進水裡，它都會形成生物汙垢。在幾小時內，物品表面就會出現一層調理層（conditioning layer），然後矽藻、細菌甚至是海洋真菌會附著在表面上。這些生物會引來海洋無脊椎動物及牠們的幼蟲，接著會出現巨汙生物（macrofouling），例如藤壺、海綿和牡蠣。」

自人類開始冒險出海以來，藤壺、貽貝和其他附著在船舶底面的生物一直是水手生活的麻煩根源。它們有數千種表現形式：細菌生物膜可以在開船幾小時內覆蓋船體，緊隨其後的是紫擬菊海鞘（orange cloak sea squirt）像融化的燭蠟一樣散布；管蠕蟲留下如岩石般堅硬的鈣質與船體結合；牡蠣和貽貝可以形成八公分深的群體，而長度十公分、如同粉色肉質棕櫚樹的柏狀羽螅（stinging hydroid）也會附著在船體上。

幾世紀以來，眾所皆知這類旅伴會減慢船舶的速度，而對於英國皇家海軍（British Royal Navy）而言，這類旅伴還會削弱他們的戰鬥實力。海軍建築師發現，在木質船體塗上一層銅可以嚇阻這些生物，因此出現「銅底」（copper-bottomed）這個片語來表示高品質保證。銅會加速鋼殼船隻的腐蝕，但它仍然是有毒抗汙損塗料的重要成分；只是，當這些塗料層脫落進入海中，就會對海洋生物造成更廣泛的傷害。

安娜・尤尼的專長在於船底搭便車的生物以及阻止它們的方法，但減少碳排放只是其中一項動機。潛在的節約燃料才是經營者感興趣的地方，因為整體而言，為了供應動力給汙損船隻在海上航行，已經浪費數十億美元。

現代對於如何維持船體底部清潔的構想大致可以分成三類：

漆料與塗層：對汙損生物有毒，或是滑溜到即使是初始的黏質物也難以附著。

船體表面本身的物理嚇阻物：在人類可聽見及超音波範圍的聲脈波可以嚇阻某些生物，特別是藤壺，但有人擔憂這會對其他使用聲音來導航或溝通的海洋生物造成附帶損害。化工製造公司阿克蘇諾貝爾（AkzoNobel）與電子產業巨頭飛利浦（Philips）已經合作創造一種嵌入紫外線 LED 燈的塗料。紫外線能提供安全、無化學物質的表面消毒。船體形狀也可以設計成比較不易吸引入侵者：盡可能避免空隙，而且如果真有必要留下空隙，也應該容易清理。這就需要藤壺心理學家的參與了，他們能建議特定形狀和質地，使船體成為尋找家園的甲殼動物最不想要的棲地。

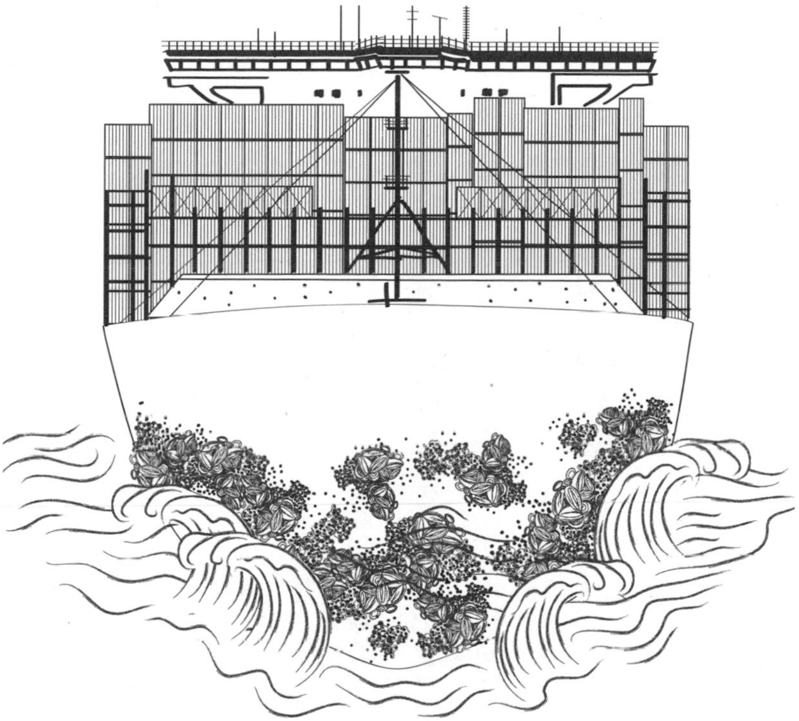

物理清潔：這聽起來是最基本的做法，從前船舶在淺水處進行維修時會由人員刷洗，如今則是由機器人接手這項工作。認識一下「船體滑手」（HullSkater）吧。

「我們不仰賴生物滅除塗料，而是將這類塗料與預先部署的清潔機器人結合起來。機器人有三個磁性輪，每個輪的抓著力大約三百公斤。它有三架攝影機和刷子，可以清除早期階段的黏質物。」挪威公司佐敦（Jotun）的格爾．艾克索．歐夫特德（Geir Axel Oftedahl）正在船模試驗中向我展示一台刷洗機器人，這些機器人是由佐敦與工程公司孔斯貝格（Kongsberg）聯合開發。它的尺寸和形狀都類似小型汽車的引擎罩，而其構想是船隻將會在甲板上配備一台機器人。在港口時，船體滑手可以在水下的船體四處移動，有點像是掃地機器人。關鍵就是要及早且經常刷洗。這項產品已經在二〇二一年於五十艘船舶上進行試用。

我表示這有點像犀牛背上的食蝨鳥，但格爾．艾克索．歐夫特德提出更好的比喻，他說：「我想我們大多數人每天早晚都會刷牙，我們不會等到牙齒上都是鈣化沉積物才刷牙。就是這麼簡單——這對環境有好處，也對船東的生意有好處。」

理想目標

清除現有及未來船舶的汙損，減少人為溫室氣體排放的〇．二至〇．五%。最終以零碳的氫和氨取代船隻的柴油引擎，減少人為排放的二%。

如何實現

· 運用船體滑手和其他船體清潔科技，例如特殊塗料和 LED 燈表面。
· 日益增加的燃料成本將會讓平滑的船體更有吸引力。
· 改變規定，使船舶的排放成為註冊國的責任。目前的規定是位於國際海域的船舶不會計入任何國家的總排放量。

附加效益

· 減少入侵種：骯髒的船體，是不受歡迎的「外來」種在全球移動並傷害原生生態系的主要方式。
· 減少空氣汙染：船用柴油（按：bunker fuel，又稱釜底燃料）相對較髒，而海洋引擎汙染受到的管制遠比道路車輛更少。在港口都市，船舶可能對空氣品質有很大的負面影響。

29 電池能量
Battery Power

沒有什麼比零的明確性更能推動變革，也沒有哪裡比近期許多歐洲政府的一項決定更能體現這一點，他們決定從二〇三〇年起**完全**不允許販售新的汽油車和柴油車。這對於汽車產業而言是再明確不過的最後期限，但只有當科技進步使這項改變得以實現時，政治人物才立下最後期限。內燃機的百年統治將在下一個十年內因為遭到電池廢黜而終結。正如電力塑造了二十世紀的消費品，行動電力也奠定當前的裝置器具和隨之而來的生活方式變化——手機、平板電腦、電動工具和如今的汽車。

整體而言，運輸大約占人為碳排放的五分之一，其中將近一半來自客車，其餘則來自公車、卡車、船舶和飛機。因此，將汽車電氣化可以大幅減少氣候變遷（假設發電來源是再生能源），但人們必須**想要**才會有如此改變。如果汽車駕駛不順應這股趨勢，那這項改變就不會發生。許多人都愛自己的車，我承認我也是其中一員。我歷來擁有的汽車依序是奧迪、奧迪、寶獅（Peugeot，BBC的公司用車）、速霸陸（Subaru）、速霸陸。我選的這三個汽車品牌都擁有非必要的迅捷速度，因此很耗油，而我愛它們。

我媽總是說我有「轟隆隆」病，這是一九七〇年代長大的男孩常有的問題，但值得慶幸的是，有些孩子的反應恰好相反，例如伊莎貝爾・謝爾頓（Isobel Sheldon）。她說：「我對工程的興趣是從一次錯誤觀念開始的。我八歲的時候，有一次看著我爸修理我們的福特跑天下（Ford Cortina estate）。他告訴我引擎是怎麼透過將氧氣結合汽油來運作的，然後我想：『如果我們是消耗氧氣讓汽車運轉，還會剩下足夠的氧氣來呼吸嗎？』這個想法非常天真，卻使我開始思考『一定有更好的辦法才對』。」

對於如今在頂尖電池製造商大英伏特（British Volt）擔任策略長的伊莎貝爾來說，那一刻就像是一塊跳板。「我渴望獲得知識，我在八歲到十一歲之間讀完《大英百科全書》的絕大部分。對於不需要燃燒東西和產生汙染就能讓人到處移動的各種方式，我一直都很感興趣。」

伊莎貝爾長大之後從事電池開發領域的工作，任職單位包括汽車製造商豐田（Toyota）、科技公司莊信萬豐（Johnson Matthey），以及英國電池工業化中心（UK Battery Industrialisation Centre）。在那段時期，使用電池來改造汽車有一大挑戰：如何接近液態燃料的非凡效能。從鉛酸電池到鎳鎘電池、鎳氫電池，再到如今的鋰離子電池，電池科技的發展焦點一直是將更多能量塞進更少空間。這些電池都有不錯的效能，但需要達到的標準很高。目前一顆頂級汽車電池的能量大約是每公升五百瓦時（按：等同〇．五度電），汽油的能量則是每公升一萬瓦時左右（按：等同十度電）。幸運的是，電動機將能量轉換為運動的效率遠比內燃機更高，但這也解釋為什麼早期的電動車型號有如此侷限的行駛里程。

鋰離子電池也是為智慧型手機或筆記型電腦提供電力的科技，它宰制電動車市場，從美國的特斯拉（Tesla）到歐洲及亞洲品牌都不例外。鋰離子電池的充電速度相對較快，而且可以讓電力迅速用於順暢加速；它相對安全、可靠又相當持久。

大英伏特正在英格蘭東北部的紐卡索外建造一座「超級工廠」（giga-factory），以便為附近的汽車製造商生產鋰離子電池。伊莎貝爾認為這些電池的電能容量可以再提升大約一五%，但她表示，還有另一項變革將會改善電動車的性能。在二〇二〇年代初期之前，電動車的銷售量非常低，所以製造商（特斯拉除外）負擔不起專為電動機或電池的重量和形狀來設計車輛的費用。如今，由於化石燃料車輛的銷售即將終結，電動車的設計工作坊變得非常繁忙。

「大多數廠商都喜歡『滑板加高帽』（skateboard and top hat）的模式。」伊莎貝爾說，「扁平的電池基座、兩端各一具引擎，上面則是乘客艙。訂製的設計可以更有效率、找到空間安裝更多電池，並提供更長的行駛里程。我覺得我們現在正處於我已經思考約四十年的轉捩點。大家不再覺得我瘋了。」

此外，汽車製造商生產的電動車輛愈來愈多，這表示他們現在可以向電池製造商要求獨特規格，所以駕駛一輛BMW的方式會跟駕駛一輛賓利（Bentley）或日產（Nissan）不一樣。大英伏特和大多數商業電池開發商相信，既有優勢和未來的改良，代表鋰離子化學將會在接下來十年為汽車領域提供動力。不過，這也代表我們需要開採至少五倍的鋰，同時必須限制地方的環境衝擊。英國有一間公司正在研究從西部的康沃爾郡（Cornwall）深藏的地下水提取鋰。

從長遠來看，其他電池科技可能會推翻鋰離子的統治。比起目前使用的液態或聚合物電解質（電池內的傳導物質），使用固態電解質的固態電池在實驗室中能提供大約兩倍於鋰離子的能量密度。鋰硫電池在實驗中的表現也有相似的大幅提升。

因此，對於我這個熱愛汽油車卻支持環保的人而言，電動車的這些改進、宣傳和環保效益是否已經治癒我的「轟隆隆」病呢？一部分吧。我已經在家安裝一座充電站，而且我在寫這章時租了一輛電動車，每次充電可行駛三百五十公里，很適合實際使用。這輛車安靜、順暢、敏捷，而且行駛的費用比一輛耗油的傳統汽車便宜很多。在兩個月內超過五千公里的行駛距離中，我已經減少半公噸以上的二氧化碳。我家屋頂上有太陽能板，可以設定充電器在陽光照射時啟動。但其實我兩邊都有下注——我比較少開汽油車，但依然保留著它，同時我也在等待電動車變得更好更便宜。我猜我的做法就跟很多人一樣吧。

理想目標

將來自汽車的溫室氣體排放減少七%。

如何實現

法律：更多國家政府需要對汽油車和柴油車的銷售強制訂立截止日期。

稅務：增加化石燃料的關稅，使電動車更具吸引力。

科技：透過創新和大量生產，改善電動車的行駛里程並降低其價格。

充電基礎設施：為電池充電的方式必須容易取得、可靠又划算。

附加效益

- 大幅改善都市空氣品質。
- 城市和商業街變得較安靜，因為電動車製造的噪音較少。
- 汽車電池在電網儲能中的雙重用途。

30 綠色之翼

Green Wings

「我的哲學是這樣的：執行和展示比設計和作夢更好。」

零排放飛行先驅兼ZeroAvia的老闆瓦爾・米夫特可夫（Val Miftakhov）說。他說到做到，因為他搭乘過全球第一架氫燃料電池動力客機，而且是由他本人駕駛：瓦爾不僅是工程師兼矽谷企業家，也會駕駛飛機和直升機。他的父親原本是飛機技工，後來轉行為煉油廠工程師，從瓦爾六歲起就會陪他一起玩電子產品。瓦爾的體內同樣留著飛機工程師的血。

然而，有某樣東西逐漸讓這種血脈冷卻——他發覺他的熱忱正在殺害地球。他說：「每次我走進這些飛機，我都有一點罪惡感。」

航空目前導致二・五%的人為溫室氣體。由於航空在氣候變遷爭論中臭名昭彰，所以這個數字或許比你以為的還低，但別以為這樣很安全。如果以近期的平均速率成長，加上缺乏低碳減量措施，這個數字可能會在二〇五〇年前變成三倍；此外，在高層大氣的排放會產生更嚴重的全球暖化衝擊，而且對於會搭飛機的人來說，這可能占他們個人碳預算的一大部分。二〇二〇／二〇二一年的冠狀病毒疫情使航空旅行大幅減少，雖然大家被迫採用線上會議，效果卻很成功，所以現在也有人猜測商務飛行將會復甦多少。不過，我們並不會放棄天空，所以在高空飛翔又不會傷害空氣變得至關重要。氫就是實現這一目標的燃料：它的廢氣只有水蒸氣。

ZeroAvia 的飛機上裝載用於燃料電池的氫氣罐，而燃料電池就是將氫氣轉化為電力的迷你發電站（見第七章）。這股電能隨後會驅動推進器。飛機也使用一顆電池來提供起飛所需的額外動力。他們計畫在二〇二〇年代晚期之前讓一款十九人座飛機投入使用，並在二〇三〇年前推出一款可以飛行一千公里以上的一百人座飛機——這種飛機是中程飛行的主力。不過，還有一些挑戰需要克服，而且身為氫能飛機的潛在未來乘客，我們也很關心是什麼原理讓我們不會從數千公尺的高空自由下落。

你是否曾經看著一架巨無霸客機或一架空中巴士 A380 時想道：「這個東西到底是怎麼起飛的？」答案是力量、重量和形狀之間的平衡，而氫重寫了這套規則。

首先是讓飛機起飛的知識。每公斤氫所含的能量大約是每公斤傳統航空燃油（煤油）的三倍。與電動機結合的燃料電池將這股能量轉換為推進力的效率大概是中型噴射引擎的兩倍。當你把這兩者結合起來時，氫提供的有效功率大約是航空燃油的六倍。

不過，接下來的事實會讓你「著陸」。氫會以壓縮氣體的形式儲存在金屬罐裡。這些金屬罐非常堅固，專為抵擋碰撞、子彈和火災而打造，但它們也很重。一公斤的氫需要大約十公斤的鋼罐。因此，如果把氫容器加入公式，得到的功率重量比大約是航空燃油的一半。研究人員一直在努力改進氫燃料系統的這些數據，包括像太空火箭一樣使用罐裝液態氫的可行性，不過目前這種做法會限制飛機的航程距離。氫能的長程飛行或許依然遙不可及。

另一個巨大的阻礙是安全性。這並不是指氫在本質上比航空燃油更危險——事實上，氫更難點燃，而且它被釋出時會迅速向上散逸，但這是一項**新科技**。傳統引擎的安全守則已經在超過一世紀的動力飛行中不斷改良，而極為罕見的危險也已經在數十年間顯現出來。ZeroAvia的燃料電池和氣罐設置大量感測器來偵測洩露，許多零件也有備用品。有一項與安全性相關的有趣挑戰是起飛時的潛在過熱問題。氫燃料電池在大約八〇至九〇℃（一七六至一九四℉）時運轉得最好，這樣的溫度遠低於噴射引擎，卻太過接近四〇至五〇℃（一〇四至一二二℉），也就是熱帶陽光下的柏油碎石飛機跑道可能會達到的溫度。如果在寒冷的高海拔空氣中飛行，維持低溫並不是什麼大問題，但在地面高度可能需要冷卻技術。

ZeroAvia 是引擎設計公司，不是飛機製造公司，而且為了遵循該公司「早日提供實際產品」的哲學，他們的系統設計成適合安裝在現有飛機的機身內。從長遠來看，飛機形狀可能會演變成更適合較龐大的氫燃料電池推進系統。ZeroAvia 的研發實用性還有進一步的證據，就是該公司在英國克蘭菲爾德機場（Cranfield Airport）的試驗基地，開發氫機場更換燃料生態系統（Hydrogen Airport Refuelling Ecosystem）。現有的商業機場具有一套複雜的運作網路，用於提供必要的航空燃油給飛機油箱，而 ZeroAvia 正在為氫重新設計這套網路。ZeroAvia 與英國另一端的一間氫能先驅進行合作，也就是位於蘇格蘭奧克尼群島（Orkney Islands）北部的歐洲海洋能源中心（European Marine Energy Centre），該中心使用電解作用將過剩的風能轉化為可運輸的壓縮氫氣，供船舶和卡車使用。唯有在製造氫氣的過程中不排放任何碳，氫燃料才會有氣候效益。

ZeroAvia 團隊表示，實現商業氫能飛機並不需要任何新的「基礎科學」，而且他們宣稱，維護電動機應該比維護噴射引擎更便宜。但正如我們在前文所見，想從飛行中除去碳，需要對航空業進行大量的實務性和結構性改變。此外，這項目標可能還有一個更大的挑戰：綜觀人類歷史，運輸領域的進步一直都依循「更遠、更快、更便宜」的口號。這句口號也深埋在旅遊業的期望和貿易的經濟學裡。為了支持「更清潔、更短、更慢」的飛行而抑制這種渴求，將需要相當大的政治勇氣。有一種技術性解決方案或許能避免這種令人不舒服的選擇，就是氨燃料飛機。液態氨可以像煤油一樣裝在罐中，而且經過改造的噴射引擎可以燃燒氨氫混合物。唯一的廢氣是氮和水蒸氣，但氨有毒又容易爆炸——這些構想目前僅限於設計階段。

對於未來數十年以及對於長程飛行（會產生大量排放）而言，有一種更切實可行的選項，就是再生航空燃料（SAF）。這基本上就是不使用化石燃料的航空燃油，而必需的碳氫化合物可以從許多來源取得，例如植物生質燃料或廢棄脂肪。對氣候最友善的再生航空燃料是「E-fuel 合成燃料」，其製造方法是將從水電解形成的氫與從空氣抽取的二氧化碳結合在一起，但這種燃料會非常昂貴。

二〇二一年四月二十九日，ZeroAvia 的六人座試驗飛機墜毀在一片農田裡，飛機的機身扭曲，還有一側機翼脫落。不過沒人受重傷，氫能系統也維持完好。他們在高速飛行時，從混合式電池和燃料電池供能轉換成僅用燃料電池供能，結果問題就發生了。瓦爾．米夫特可夫表示，這場事故對於他們的計畫是一個挫折，也讓團隊感到不安，但他堅信，在測試新事物時，發生事故是「在所難免的」，而且有些問題只有在真正的飛行壓力下才會顯現出來。「我對氫燃料飛行的未來充滿信心。我們在這場事故發生後又更有信心，因為我們發現一件我們需要處理並修復的事。」開發十九人座飛機的計畫仍在持續進行，但這場事故證實，他們決定讓試驗飛機的兩部引擎中的一部在第一階段測試期間以傳統燃料運轉，然後再實施雙重引擎配置來進行認證。在飛行這種非常注重安全的領域，我們很難擺脫我們熟知的排碳惡魔。

理想目標

將氫能飛機用於長達兩千公里的航程。目前這類航班占航空燃料需求的一半左右，所以如果航空業沒有整體成長，氫能飛機可以減少人為排放的一．二五%。長程飛行會需要至今尚未經過測試的氨引擎或合成再生燃料。

如何實現

政策：政府對製造汙染的航班採取課稅措施，方法是增加燃料關稅，或是徵收飛行常客稅，亦即隨著每年的飛行次數愈多，就提高每次飛行的稅款。

投資：增加研發支出，從現有的數億英鎊上升至數十億英鎊。

消費者選擇：商務旅客或休閒旅客選擇搭乘較環保的航班，自願承受時間、成本或航程距離受限的缺點。

附加效益

- 減少用於機場擴張的土地。
- 改善機場周圍的空氣品質。

建築業與工業

Building and Industry

31 永久木材

Wood for Good

在一間位於地下室走廊旁的狹小工作坊裡，空氣中充滿高溫鋸木屑的氣味和木材碎裂的聲音。隨著壓力逐漸累積，碎裂的劈啪聲迴盪在牆壁之間，然後樑終於放棄抵抗，不過它是在證明自己比鋼鐵更堅固之後才斷裂的。

這裡是劍橋大學自然材料創新中心（Centre for Natural Material Innovation）的負責人麥可・拉梅奇（Michael Ramage）的專屬工作室。他相信，我們可以在大多數的新建築使用木材，而不是混凝土和鋼鐵。光是這項變革就能將全球碳排放總量降低大約四%。他才剛使用液壓裝置產生不到一公噸的力量來彎折一條鋼筋，現在他正在展示他新鋸的木條，與鋼筋重量相同，但能承受至少兩倍的壓力。

這其中的核心原理既清晰又具說服力。樹木生長時會從大氣中捕集碳。樹木被砍倒後，那些碳可以作為建築材料封存起來。木造的樑、地板、牆壁也可以取代碳密集的鋼鐵和水泥製造業。森林會被重新種植來捕集更多碳。而最吸引人的統計數據是：歐洲的永續森林每七秒就能產出足以建造一棟四人家庭住宅的木材。

還有一項關鍵創新也在推動新木器時代，就是直交集成板（CLT）。在一九九〇年代晚期，奧地利阿爾卑斯山的鋸木廠開始將厚厚的鋸材層呈直角黏在一起，使上下層的木材紋理呈九十度角交叉。這種做法實際上製作出厚實的膠合板，可以變成各種形狀和尺寸。這種膠合板可用於地板及牆壁，也可以在異地製作，組裝費用低廉，而且不需加工處理就具有隔熱特性。只要更仔細地選擇木材和黏膠，你就可以製造非常堅固的樑柱。向上建屋的比賽已經開始，如今「木造摩天大樓」（plyscraper）正在競相觸及更高的天空。這包括卑詩大學（University of British Columbia）在溫哥華的一棟五十三公尺高的學生宿舍、維也納的八十四公尺高且二十四層樓的 HoHo 公寓大樓，以及挪威布魯蒙達爾（Brumunddal）只比前者高一公尺的米約薩塔（Mjösa Tower）。

根據麥可・拉梅奇的說法，正是在建築高樓大廈時，木材的強度重量比才會真正顯現出驚人優勢。許多由鋼筋混凝土建造的高樓會受限於建築上方的重量：建築物愈輕等於樓層數愈有可能增加。而對於倫敦這種鋪設地下鐵的城市而言，建築物減輕重量會產生另一個吸引人的作用。許多高價的房地產都位於地鐵站上方或是靠近地表隧道，所以無法穿過這些設施建造大型地基。輕量建築就是開發商的夢想。

木造摩天大樓很吸睛，而且就像一九三〇年代最早出現的鋼造摩天大樓一樣，有助於宣傳新材料的潛力。不過，對於木材的整體情況以及直交集成板的特定情況而言，真正的未來在於一般建築：住宅、學校、倉庫、辦公大樓。我曾去倫敦東部的哈克尼（Hackney）參觀過一些尚在建造中的直交集成板公寓，那裡的地板、牆壁甚至是電梯井都是以巨大的膠合板層製作。松香無處不在，而吸音作用更好的木材也帶來相對安靜的環境，使那裡與典型建築工地的惡劣氛圍相當不同。研究顯示，生活經驗會放大這種感受：一項在木造學校進行的奧地利研究顯示，木造建築有益健康，因為學生的學習表現會隨著壓力減少和心率下降而有所改善。麥可・

拉梅奇在劍橋的團隊和世界各地的其他許多建築師正在努力為低成本住宅及公共建築進行木造設計。

一六六六年的倫敦大火（Great Fire of London）是從布丁巷（Pudding Lane）的一間麵包店起火，然後火勢迅速席捲整座木造城市。燒柴的烤爐是由鑄鐵建造。木材會燃燒，但金屬製的爐箱不會。想必木材更容易著火吧？但在美國進行的檢測顯示，直交集成板建築可以通過所有的現代消防安全規定。其中一項因素是木材表面形成木炭層的天然傾向，這會保護木炭層底下的木材；如果將這項因素結合耐熱黏膠，並在某些情況下加上包覆層，例如石膏板，就可以達到、甚至超越傳統建築的火災抗性。如果你已經在房屋保險表單上勾選地震險或戰爭險，那麼木造住宅絕對適合你。現代直交集成板建築的彈性使其幾乎可以抵抗任何地震，而美國國防部的測試也顯示，這類建築有極佳的爆炸抗性。你可以在YouTube上花些時間觀看在人造地震板上搖晃卻完好的木造建築，或是爆炸使木造牆壁彎曲的慢動作影片。

麥可・拉梅奇的工作坊就在劍橋大學工程系旁邊，離此處不到一英里是國王學院禮拜堂（King's College Chapel），也就是著名耶誕頌歌儀式的舉行地點。這座教堂建於十五世紀晚期至十六世紀初期，它精巧的聖壇屏和橡木拱頂是使用中世紀英國的活樹製作的。那些樹木數百年來一直吸收二氧化碳，然後在一五〇〇年左右被都鐸王朝的斧頭砍倒。自那時起，這些碳就被封存在粗獷的雕刻和承重樑裡，以既實用又美麗的形式存在。如果我們在新建築以這樣的決心和創意使用木材，我們的建築很有可能會與欣賞這些建築的人類文明一起繼續存在五百年。

因此，我們何不拋棄老方法並回歸木造建築呢？麥可・拉梅奇表示，直交集成板是相對較新的技術，而建築業是以保守和風險趨避而聞名的產業。習慣很難改變，大量建造磚造房屋的建商尤其如此。我們需要的是訂立碳價（carbon price）讓鋼鐵和水泥變得較不吸引人，並擴大政府的建築法規，不僅涵蓋房屋建造時的能源表現，也納入建築中封存的碳。

理想目標

堅持絕大多數的新建築必須主要以木材建造，而非混凝土、磚塊或鋼鐵，並確保木材在使用壽命結束後會被回收或燒成生質燃料，藉此在二〇五〇年之前減少四%的人為排放。

如何實現

教育：推廣知識，讓大家了解新複合木材和重新學習古早木造建築技術的潛力。

創新：繼續開發以木材為基礎的材料，改善材料的強度、多功能性和消防安全。

法規：建築標準已經受到非常嚴格的管制，所以應該訂立針對木材的規定。自二〇二二年起，法國的每一棟新公共建築都必須有至少五〇％的木材或其他有機材料。

附加效益

生活在木造建築中被認為能提升健康——改善學童的學習表現，並降低成人的血壓。

32 保暖持久
Keep Warm to Carry On

創造和控制火焰或許是人類最偉大的巧思壯舉：讓我們能夠烹飪、保暖及製作物品。然而，隨之產生的碳排放卻很有可能導致我們毀滅。讓我們的建築保持溫暖舒適以及讓我們的用水保持滾燙，依然需要消耗將近四分之一的能源，而且其中大部分能源是化石燃料所產生。我們需要減少這部分的能源，而且我們做得到。對於新建築而言，重點在於管制：正確的政府政策能確保我們現在建造的建築有非常低的能源需求。不過，對於既有建築而言——也是我們大多數人將會在未來數十年內居住和工作的地方——重點在於隔熱。

隔熱曾是低碳世界的灰姑娘，被綠能的寵兒（熱泵、太陽能板、電動車）遠遠拋下，如今它終於站在聚光燈照射的舞台上。至少三十年來，改進住宅能源效率一直是眾所皆知的需求，但進展緩慢得令人難受，最近還因為住宅的平均大小增加而遭到打擊。這個領域有三大問題：昂貴、無趣、複雜。能源價格太低了。這種說法不受歡迎，但我指的是能源價格「太低」讓節省能源無法成為無腦常識。即使是在數十年的時間內，開啟天然氣並讓大部分暖氣散逸，也經常比為房屋適當加裝保溫設施更便宜。隔熱很無聊——比起閣樓裡的玻璃纖維，停在私人車道的特斯拉更有可能激發腎上腺素，或使鄰居投來羨慕嫉妒的目光。改進能源效率很複雜，有許多不同選擇和取捨都會讓家庭生活受到干擾。因此，讓我們為一間荷蘭公司歡呼三聲吧！這間公司承諾提供可達到零碳標準的住宅隔熱，而且簡單、平價又令人滿意。

「將你家的能源系統升級，應該像重新裝潢你的廚房一樣輕鬆又吸引人，這應該是你想要做的事才對。如果無法破解這個問題，就不可能擴大規模。如果你認為大多數人會花費精力提高目前的家中能源效率，那是不切實際的。順帶一提，升級廚房通常沒有經濟效益，但大家願意在這件事上花幾千元，因為他們認為這會改善他們的生活方式。我們需要讓零碳住宅也達到這種層次。」這是荷蘭公司 Energiesprong 的共同創辦人羅恩・范厄克（Ron van Erck）經常掛在嘴邊的話。大多數銷量巨大的產品（例如汽車、電話或筆記型電腦）都將工業結構與優越功能相互結合，創造令人滿意且價格合理的產品，而 Energiesprong 的目標是在能源效率領域採用相同方法。該公司提供在一星期內安裝完成的零能源整修，並讓顧客在數年內支付款項，以取代整修後不再存在的能源帳單。

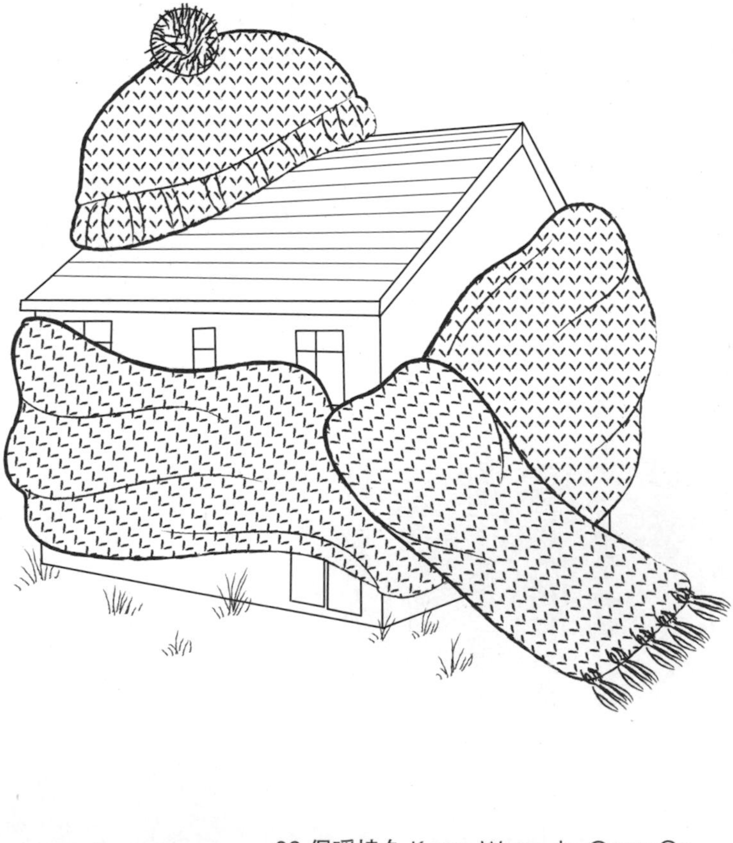

在實務上，這代表能源產出及儲存的方式會改變。首先，該公司會使用掃描器——必要時使用安裝在無人機上的掃描器——建構住宅的立體電腦模型。取代屋頂的是鋪設太陽能板的頂層和具有優質隔熱效果的底面，外牆則包覆一層隔熱外殼。房屋也安裝空氣源熱泵來替代燃氣鍋爐，而通風的設計既可以避免潮濕，又可以回收烹飪、裝置器具或單純體熱在房屋內產生的熱量。所有這些部件都是在施工現場外設計和建造，因為這種預組作業代表安裝時間往往只需要不到一星期。你會獲得一個舒適、不漏風的家，並享受巧妙的全新改造和幾近為零的碳排放。在荷蘭，Energiesprong已經對五千多棟房屋完成整修，而歐洲各地還有十萬棟房屋正在籌畫進行整修。

不過，該公司為房屋改造提供資金的方式，就像它實施改造的方式一樣富有創新精神。該公司和顧客並不是協議在工作完成後立即付款，而是在未來二十五至三十年間為「能源服務計畫」（Energy Service Plan）支付費用。確切的年度費用各不相同，但通常會與先前的能源帳單類似。顧客和地球分別因為更舒適的家和零排放而獲益。早期採用這種房屋改造的人往往是擁有大量類似構造住宅的協會或社會住宅提供者，這帶來規模經濟，而且他們也了解長期融資。不過，羅恩・范厄克表示，這種構想也適用於私人住宅，因為支付能源服務計畫的合約是跟著房屋而非屋主。「如果你買下一棟由 Energiesprong 改造過的房產，那就代表你同意承擔持續為能源服務計畫支付的費用。這麼做的風險其實比購買一棟具有未知能源帳單的房屋還要小。」

羅恩・范厄克認為，另一種有助於推廣節能創新的方法是抓住大筆支出的時刻。他說：「人們買房子或搬家時，經常更容易花大筆費用，並把這些費用添加到抵押貸款中。錯過這個可以減少未來能源帳單和降低碳排放的機會就太傻了。」

在歐洲各地的典型冬季，總能源需求的五〇至七五%是用於讓建築保持溫暖，而且幾乎全都使用化石燃料。以再生電力取代化石燃料並不現實，而氫能供熱離實際應用還有點遠。因此，我們需要透過複製其他領域的成功來降低這種需求。我們最近將低碳的解決方案工業化後，在這類領域獲得幾次勝利：太陽能、風能和愈來愈多的電動車都是顯而易見的例子。我們需要為國內的能源效率採取相同做法。

而當你等待時，先穿上一件針織衫吧。

理想目標

在歐洲和美國，家庭能源消耗會製造溫室氣體的一五至二〇%，其中四分之三來自供暖及熱水。目標是在二〇四〇年之前減半。

如何實現

政策：提供補助給隔熱設施和「深度改造」（例如由 Energiesprong 進行的改造），讓住宅更趨近碳中和。

法規：新建築標準應堅持極高的能源效率標準。

技能：由政府和產業出資推行訓練革命，讓建築工、水管工和電工能夠適應及維護低耗能材料和科技。

能源帳單：允許大多數顧客的化石燃料帳單提高，以鼓勵採取隔熱措施，同時透過福利制度補償能源貧窮的人。

附加效益

- 更舒適、不漏風的家。
- 為技術熟練的建築工和熱力工程師創造就業機會。

33 二氧化碳 = 汙水

Carbon Dioxide = Sewage

我們在日常生活中使用水，而在水流入排水管後，我們有汙水系統來安全處理汙水。

我們在日常生活中購買物品，而當我們丟掉剩餘的東西時，我們有垃圾收集制度來安全處理廢棄物。

我們在日常生活中使用化石燃料，而我們使用之後，二氧化碳從煙囪升起，我們卻沒有任何系統來安全處理二氧化碳，它正在慢慢殺死我們。

這就是氣候變遷既奇怪又可悲的事實。二氧化碳是石油和天然氣的汙水，是燃燒東西所產生的危險廢物。然而，供應燃料的公司很少或根本沒有清理後果。現在他們有義務這麼做，我們也都可以為此付費。這就是「碳回收義務」（CTBO）背後十分具說服力的概念。碳回收義務的意思跟本章標題相同，只是看起來沒那麼搶眼。

邁爾斯・艾倫（Myles Allen）是一位氣候科學家。老實說，這有點像是稱呼利昂內爾・梅西（Lionel Messi）為「一位足球員」。邁爾斯・艾倫是牛津大學物理學系氣候動力學團隊（Climate Dynamics Group）的負責人，也是地理學院的地球系統科學教授。他是跨政府氣候變遷專家小組（Intergovernmental Panel on Climate Change）報告的固定作者之一。他非常相信碳回收義務在解決氣候變遷方面的迫切性和重要性。他對碳回收義務是如此信任，以至於我第一次向他解釋本書的提案時，他以不完全是開玩笑的語氣問道：「那你需要其他三十八種方法做什麼？」

人為氣候變遷是懸在我們所有人頭上的生存威脅，成因是過多的二氧化碳進入大氣。其中絕大部分（八五％）來自燃燒化石燃料。我們的生存就取決於是否最遲能在二〇五〇年之前停止燃燒化石燃料，而理論上，我們有兩種方法可以做到這件事。第一是停止使用化石燃料，第二是阻止二氧化碳進入大氣。

選項一不大可能實現。儘管再生能源進展迅速，但全球有超過八〇％的能源來自化石燃料。它們依然在船舶、航空、重型公路運輸、供暖，以及水泥、鋼鐵和肥料製造等領域占據絕對的主導地位。而在發電領域，儘管我們看到太陽能和風能有長足的進步，但許多國家將在未來數十年內繼續使用煤炭、石油及天然氣來維持全國的正常運轉。停止使用化石燃料不僅需要巨大的科技飛躍，也需要痛苦的犧牲：生活方式可能出現非常不受西方民主國家歡迎的變化（所以大概不會發生），較貧困的國家進行開發的權利也會遭到剝奪，這似乎並不公平（所以大概不會發生）。

邁爾斯．艾倫說：「我們需要了解的重點是，我們必須在世界停止使用化石燃料之前就阻止氣候變遷。如果你以為我們可以簡單透過禁止化石燃料，或找到某種便宜到不值得開採化石燃料的替代品，就能輕鬆阻止氣候變遷，那麼這種幻想是來不及實現的。」

他對化石燃料的答案是享受能源但終結汙染。化石燃料產生的每公噸二氧化碳都必須安全且永久地從大氣中清除，這代表必須採用碳捕集和封存（CCS）科技。碳捕集和封存有三個基本要素。燃料燃燒時，二氧化碳從煙囪排出後就會被捕集。這項科技已經存在，但用於大型、高度集中的來源時成本效益遠遠更高，例如發電廠或水泥製造商。接著，捕集的二氧化碳必須壓縮成液態，並經管道輸送至封存設施。封存二氧化碳就像逆轉石油和天然氣的開採過程：它會被輸送回地下，並封存在原本容納化石燃料數千年之久的同一片岩層裡。即使是原先抽出石油的離岸鑽井也可以用於將二氧化碳送回地下。

這個驚人的構想出自瑪格麗特．庫伊柏（Margriet Kuijper），她在殼牌公司任職將近三十年之後，開始經營自己的顧問公司，並著重在碳封存領域。她說：「全球至少有二十項大規模計畫以這種方式在世界各地封存二氧化碳。我們知道該怎麼做，技術不是問題。」然而，目前我們只封存不到〇．一％的二氧化碳排放。「到目前為止，最大的阻礙一直是商業模式。既然目前可以免費把二氧化碳扔到空氣裡，為什麼還要大費周章捕集二氧化碳，並把它封存在地下呢？那樣做一定比較貴。幾世紀之前，我們會直接把村子裡的垃圾丟到柵欄外，後來我們決定把垃圾清乾淨。這需要花錢，卻很重要。」

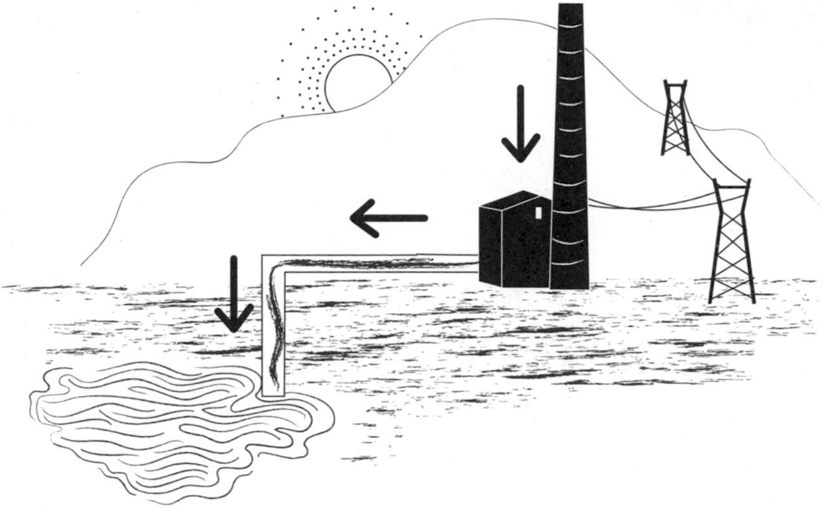

這讓我們回想起本章開頭的汙水比喻。想像一下，假如維多利亞時代的人看著所有死於霍亂或痢疾等水媒疾病的患者，說：「不，我們不需要費力建造一套不錯的水管和地道網絡來清除及處理汙水。這會花不少錢，而且看起來好複雜。」而這就是目前我們在北極縮小、海平面上升、風暴肆虐和作物歉收時正在做的事。

碳回收義務的支持者表示，石油與天然氣公司或進口商必須負起義務支付封存二氧化碳的費用，且封存量必須依照其產品的一定比例穩步提高：二〇二五年之前是一至二%，二〇三〇年之前是一〇%，二〇四〇年之前是五〇%，而二〇五〇年之前是一〇〇%。這些公司起初會高聲抗議，因為他們不喜歡管制，而且他們目前可以免費傾倒汙染，但邁爾斯．艾倫相信，從長遠來看，他們知道自己的產品將會變得更具爭議性，而碳回收義務會為他們提供更好的生存機會——透過清理他們留下的爛攤子，他們將會獲得營運的社會許可。

額外的成本將落在消費者頭上，但起初的費用並不高。即使我們一開始就直接封存一〇%的二氧化碳，也可能只是讓汽油零售價格增加不到一便士或一美分。等我們達到封存一〇〇%時，化石燃料價格會明顯增加（目前無法確定會增加多少，因為規模經濟可能會使碳捕集和封存的成本下降），但這就是重點之一——此舉的目的就是要讓風能、太陽能或氫能等無汙染能源變得比化石燃料更有吸引力。碳捕集和封存也將成為一個龐大產業，不過，廢棄物和水處理產業也是如此，而我們並不會質疑我們是否需要它。

光是一套可行的碳捕集和封存系統無法配合現存的所有化石燃料使用者一起運

作：在每一個燃氣中央供暖鍋爐都安裝一組二氧化碳捕集裝置並不合理，更別提安裝清除二氧化碳的管道了。因此，住宅和辦公室的供暖系統會使用裝有碳捕集和封存設備的發電廠或氫氣製造廠所製造的電力或氫來運轉。天然氣會是發電廠和氫氣製造廠的良好原料，因為燃燒天然氣所排放的地方空氣汙染會比石油或煤炭低，而且因為天然氣的化學式是 CH_4，它每分離出一份碳，就能同時分離出四份氫：氫會作為清潔燃料透過管道排出（見第七章），而碳則會透過管道輸送回地下。

瑪格麗特．庫伊柏表示，幾世紀以來，二氧化碳一直是看不見的危險、隱形的威脅。不過，如今我們的知識已經揭露二氧化碳的真正危險，我們需要掩埋它。「如果二氧化碳有難聞的氣味，我們會在好多年前就處理它。等到它已經使氣溫明顯上升、冰河融化、野火肆虐時，我們才發覺二氧化碳並不是那麼無辜。」

我結束與瑪格麗特和邁爾斯的談話時，問了兩人相同的問題：「如果沒有碳捕集和封存，我們可以在二〇五〇年前達到零碳嗎？」

兩人都說：「不行。」

理想目標

二氧化碳的所有大型工業來源（例如化工廠、氫氣製造商、煉鋼爐、水泥廠和高能源製造業）都安裝碳捕集設備，再加上目前的地質封存設施大幅增加，就可以在二〇五〇年之前減少五〇%的溫室氣體。

如何實現

政策：訂立國際協議，讓化石燃料公司承擔穩步增加的碳回收義務。

科技：大規模建設和推廣用於捕集、運輸和安全封存二氧化碳的工程。

接受性：家庭和工業顧客必須願意支付較高的化石燃料帳單，以承擔安全處理二氧化碳的成本。

靈活性：石油與天然氣公司需要改變思維方式，對二氧化碳負責。環保運動團體需要接受新的觀念，亦即經過改造的化石燃料抽取裝置可以成為解決方案的一部分。

附加效益

更乾淨的空氣：煙囪上安裝的碳捕集設備也可以清除當地的其他空氣汙染物。

更具競爭力的再生能源：提高化石燃料的價格，會讓零碳能源相對更便宜。

新的工作：可靠的碳捕集和封存將會成為龐大的產業，需要數以千計技術熟練的工作人員。這些就業機會將會非常適合化石燃料產業的現有人員。

34 混凝土的確切答案

A Concrete Answer

「我們每年生產的混凝土足以建造一條通往月球的六線道高速公路。」

環境與材料工程教授柯林・希爾斯（Colin Hills）說，然後他用一個二氧化碳氣罐、一個塑膠飲料瓶、一些焚化灰渣和一點水讓我大吃一驚。他把灰渣倒進飲料瓶、加水、噴入一些二氧化碳、擰緊瓶蓋，然後搖晃瓶子。在幾秒鐘內，飲料瓶就向內縮爆，粉碎成原本體積的一小部分。而且它相當燙。

「二氧化碳被吸收到灰渣裡，形成碳酸鈣——其實就是石灰石。在減少水泥產業的氣候衝擊方面，這是一種具有成本效益的方法。」

水泥產業的氣候衝擊非常大：製造水泥並大量用於混凝土所產生的溫室氣體，占人為溫室氣體排放的七%左右，這與鋼鐵不相上下，成為氣候變遷的單一最大工業性原因。愈來愈多科學家、工程師和企業家試圖讓水泥產業擺脫這項環境問題，柯林．希爾斯就是其中一員，因為儘管如本書第三十一章所報導的，我們期望使用木材來緩解此問題，但我們對水泥的需求幾乎沒有顯露出崩潰的跡象。

水泥及其結合沙子或石頭所製造的混凝土，是人類最偉大的發明之一。人類已經使用水泥數千年——它塑造了兩千年來一直屹立不倒的羅馬萬神殿（Pantheon）。它堅固、用途多樣、耐用又便宜。幾乎每個國家都有水泥產業。它建立我們的文明，但水泥帶來的大量碳排放如今正在威脅我們的文明，這是核心化學方程式和製造水泥所需的能量一起造成的結果。水泥的關鍵成分是石灰石（亦即碳酸鈣），石灰石會以大約一五〇〇℃（二七三二℉）在窯爐中烘烤來破壞碳鍵，產生氧化鈣和我們不想要的二氧化碳。其中大約三分之一的二氧化碳來自加熱過程，其餘三分之二則來自化學分離本身。所有二氧化碳往往都會沿著煙囪向上排出。

有一種在概念上很簡單的解決方案是使用再生能源來加熱，並使用碳捕集和封存（CCS，見第三十三章的討論）來處理排放。這很有可能成為解決方案的一部分，卻面臨巨大阻礙：在不燃燒化石燃料的情況下，要達到如此高的溫度既困難又昂貴，而且我們還需要數十年時間才能發展出足夠大規模的碳捕集和封存產業。如果將二氧化碳當成一種有用的原料而不是廢物來處理呢？那就是柯林．希爾斯在一九八〇年代的見解，他說：「我在大學時開始研究二氧化碳。我認為它非常有趣，但教授告訴我說：『去研究有用的東西吧。』它現在就非常有用，它的時代來臨了。」

柯林．希爾斯提出的方法並不是改變水泥本身的製造方式，而是利用該產業廢棄的二氧化碳來生產人造岩石。這會永久固定二氧化碳這種棘手的氣體。他的衍生公司 Carbon8 Systems（C8S）目前正在製造和使用這種岩石作為建築砌塊的骨料。關鍵就是碳酸鹽化作用（carbonation），亦即前文描述的瓶中反應。

聰明的讀者可能已經注意到某種化學對稱性：在桌上的粉碎飲料瓶演示中，水泥製程的核心方程式被反轉了。起初是石灰石，接著在經歷兩種反應後又恢復成石灰石。柯林及其團隊發現，工業程序中留下的各種灰渣和粉塵會在二氧化碳存在的情況下礦化，進而形成岩石。這是軟體動物建造貝殼的工業化版本，而貝殼會在軟體動物死亡後靜置數千年，形成最初的石灰石。

大多數大型水泥公司都宣稱他們正在努力減碳，但在缺乏懲罰性碳稅的情況下，任何減量科技都需要盡可能具有成本效益。Carbon8 的答案是利用一些比免費更便宜的原料——事實上，清除它們會獲得報酬。空氣汙染控制殘渣（APCR）是從垃圾焚化爐的煙囪或其他骯髒廢氣中清出的化學物質細微粉塵。它具有強鹼性和毒性，通常以高昂的代價掩埋。Carbon8 會透過進行以下程序來獲得支票：將這種粉塵從地下的洞穴轉移出來，然後將其暴露在水泥窯爐流出的二氧化碳中。這兩種成分結合在一起，碳酸鹽化作用就會產生一種堅固的骨料，可用於鋪路石料或建築砌塊。這種碳捕集和利用系統如今使用集裝箱裝運以便部署，而且已在加拿大通過測試，在法國推行商業安裝。到目前為止，它只吸收一小部分的排放，但它的原理已經得到證實，在商業上也開始蓬勃發展。

其他創新者正在蠶食混凝土大量碳足跡的一部分。總部位於加州的藍色星球有限公司（Blue Planet Ltd）運用與 Carbon8 相似的礦化化學技術，但著重使用發電廠的廢氣來製造可用於混凝土的骨料，藉此固定二氧化碳，並避免開採新鮮岩石所產生的排放。該公司的合成岩石已經用於最近擴建的舊金山機場的跑道上。總部位於紐澤西州的 Solidia 開發出新方法，可降低水泥窯爐所需的溫度，並製造一種與二氧化碳而非水發生反應來固化的水泥，該公司的方法已經在美國各地投入使用。水泥巨頭海德堡水泥公司（Heidelberg）正在嘗試調整其預熱石灰石的方式，以便更容易捕集純二氧化碳以供使用或地質封存。

隨著水泥公司或其顧客準備為減少碳足跡支付更多費用，愈來愈多解決方案也開始發揮作用。柯林．希爾斯希望把他的碳酸鹽化技術與另一種除碳科技結合在一起，以便在氣候問題上取得更大的勝利。有一種稱為「生物能源與碳捕集和封存」（BECCS）的技術是未來氣候穩定的重要構想之一。這個構想是種植樹木來吸收碳、燃燒樹木來獲得可用的能量，並將二氧化碳封存在地下。這可能導致一項涵蓋大片森林和巨型燃爐的潛在全球計畫。柯林很關注由此產生的所有灰燼。這些灰燼可以用於替代混凝土中高達一〇%的水泥，也可以與二氧化碳相結合，再次形成有用又穩定的礦物。

相對於數位公司既顛覆又自由自在的特質，水泥公司一直以來都很穩健又傳統。他們的核心製程擁有悠久的歷史，而歸功於他們久經考驗的技術，我們的建築可以屹立不倒。但柯林．希爾斯表示，他們的基礎如今正在動搖。他說：「這些公司喜歡確定性，但他們將會被迫改變，否則他們就會凋零。是的，改變會花錢，但錢只是意願的一種表達方式。」

理想目標

在二〇五〇年前將水泥產業的氣候衝擊降低三分之二，減少人為溫室氣體排放的五%。

如何實現

創新：對混凝土的能源需求進行猛烈的科學攻擊，進而改善二氧化碳的礦化作用與科技使用。

稅收：設立要求使用低碳混凝土的建築法規，而碳稅將會成為立即加速改變的工具。

減少與替代：更好的設計可降低水泥和變電站的需求，並使用低碳的替代材料，例如木材或開採的石塊。

附加效益

．減少危險廢棄物。

．減少骨料的開採和運輸。

35 吸就對了 Just Suck It Up

幾個世紀以來，我們一直將過多的二氧化碳從蒸汽機、汽車、飛機和發電廠等機器排放到空氣中。我們現在可以發明一種機器把二氧化碳重新從空氣中拉出來嗎？可以，這種機器稱為「直接空氣捕集」（DAC）。

在冰島內陸白雪皚皚的兩側腹地之間，「氣候作業」（Climeworks）最新的直接空氣捕集廠就坐落於一片平原上。這座工廠看起來像一排大小如貨櫃的空調機，而且它正在去除的二氧化碳量相當於六百名一般歐洲民眾的排放量。它是目前少數已經建成的直接空氣捕集廠之一，而在三十年內，直接空氣捕集計畫可能會成長到與如今的石油與天然氣產業不相上下的規模。

「其核心理念是從空氣中捕集二氧化碳，並將它永久儲藏在地下。這種理念的科學和原理已經存在一百年了。它的技術必須具有成本效益和能源效率。」氣候作業的共同創辦人兼執行長克里斯多夫．格博如此說道。該公司是直接空氣捕集產業的主要參與者之一，他們在母國瑞士設立工廠，然後擴展到義大利和冰島。在該公司的模組系統中，風扇會將空氣吹過一層捕捉二氧化碳的過濾材料。這層過濾器的關鍵成分是強鹼顆粒，能吸引弱酸性的二氧化碳。顆粒表面會逐漸飽和，接近酸鹼度中性且效果減弱。到了那時，這些顆粒會被加熱至一〇〇℃（二一二℉），然後所釋放的純二氧化碳會被抽出並捕集。接著這些二氧化碳就必須受到使用或封存。氣候作業提供從空氣中確實抽取二氧化碳的科技，卻仰賴外界的兩個重要產業：再生能源和可靠的碳封存。在瑞士，氣候作業第一間工廠的運行能源來自廢棄發電廠的廢熱和電力，而且該工廠提供二氧化碳給可口可樂公司（Coca-Cola）生產汽水。這種做法的氣候效益並不完美，因為廢棄發電廠產生的能源會排放碳，那些汽水也是一樣。不過，廢棄發電廠和汽水都是重要的「過渡」合作夥伴，能讓這項科技成功啟動，並證實它的確有效。未來則是以冰島的模式運行，亦即零碳能源、永久碳封存。

在冰島，氣候作業的工廠毗鄰一間地熱發電廠。冰島以火山活動頻繁而聞名，因為它坐落於地殼的一處裂縫上，使熔岩更接近地表。這代表你不需要把水輸送到很深的地方才能使它變成用於發電的蒸汽。此外，氣候作業的系統所使用的能源有八〇%是熱能，只有二〇%是電能，所以靠近高溫的岩石也有助於使用能源。不過，該怎麼處理二氧化碳呢？在冰島，氣候作業與一間稱為Carbfix的公司合作，該公司將二氧化碳溶於水並輸送至地下，然後二氧化碳會在地下與玄武岩基岩接觸而礦化（這類似於第二十章和第三十四章提到的方法）。它變成石頭，而且將會維持這種狀態數百萬年之久。在冰島以外的地方，氣候作業正在尋求與一些二氧化碳封存計畫合作，這些計畫打算將液態二氧化碳輸送至北海（North Sea）曾為油氣田的位置。氣候作業的專長在於二氧化碳的回收和濃縮，而非能源供應及最終封存。

對於緩解全球暖化的任何提議，其成本都是以減少或捕集的每公噸二氧化碳所需的美元來進行比較。氣候作業系統的價格高達每公噸四百美元至八百美元，而種樹是大約二十美元，太陽能或風能科技是大約三十美元。隨著這項科技逐漸成熟，其價格將會下降，卻不太可能與最便宜的減碳方法相匹敵。不過，克里斯多夫・格博並不擔心，他說：「我們提供的是無與倫比的持久性。我們需要種樹，但它們會著火。我們需要將碳捕集裝置直接安裝在高排放者的煙囪上。然而，為了阻止氣候變遷繼續造成破壞，我們將依然需要從大氣中清除二氧化碳。在二〇二〇年代討論氣候友善型科技時，你不該使用『或』這個字。你應該只用『和』這個字。」

氣候作業並不是直接空氣捕集領域的唯一參與者，加拿大的碳工程公司（Carbon Engineering）及總部位於愛爾蘭的矽王國控股公司（Silicon Kingdom）也在其列。其大部分資金來自其他公司為抵消公司本身的排放而支付的費用，而且許多投資者認為直接空氣捕集的成本將隨著數量增加而大幅下降，就像我們在太陽能板所見到的一樣。

不過，在可見的未來，直接空氣捕集一定會有大量能源需求。克里斯多夫・格博有一項針對這種需求的計畫，就是在每一座新的太陽能電場或風場都就地建造直接空氣捕集設備。他說：「然後你就可以大幅增加再生能源電場的規模和輸出，

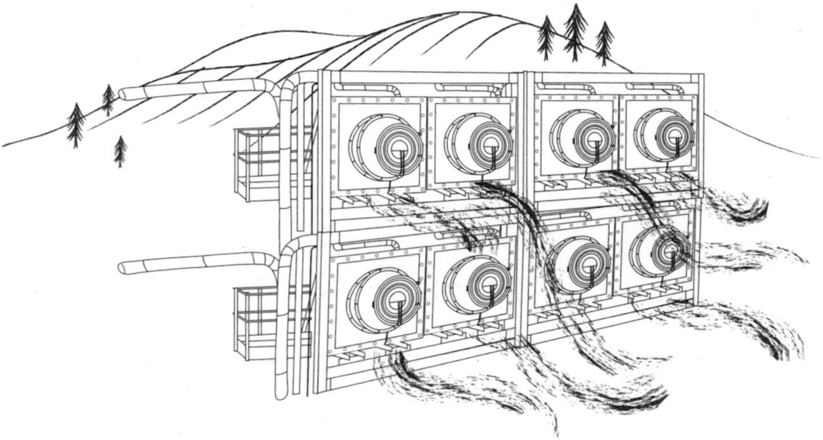

比如一座太陽能電池陣列的容量會是電網所需的七倍。在陰雲密布的日子，你依然可以輸送足量電力給電網，但在陽光明媚的日子，你可以為直接空氣捕集裝置供電。我們可以將波動的能源輸入處理得非常好。二氧化碳無處不在，所以我們可以在任何有能源的地方設立裝置。因此，我的夢想是讓直接空氣捕集成為再生能源的催化劑——我們不是電力儲庫，而是電力海綿。」

儘管目前的成本很高，但大家對這項科技都有濃厚的興趣。科學家很清楚，阻止氣候變遷不僅代表終結排放，也代表清除我們數個世代以來扔進大氣中的垃圾。政治支持日益增加，特別是喬・拜登（Joe Biden）領導下的美國政府所提供的支持，而部分化石燃料企業也發現，使用直接空氣捕集有可能清除他們製造的廢棄物。因為有這種需求，克里斯多夫預測氣候作業將會每兩年就成長十倍。這或許是一種雄心勃勃的預測，但這也代表，直接空氣捕集到了二〇二〇年代晚期可能每年吸收五百萬至五千萬公噸——上限將會接近紐約的排放量。然而，過度相信我們從空氣中去除碳的能力，是否會削弱我們從一開始就阻止汙染的努力，並給予汙染者繼續營運的道德許可呢？我認為這種風險很小，因為直接空氣捕集的成本很高，而且至少在十年內，其潛力還是很小，所以認真看待氣候變遷的政府都不會等著直接空氣捕集幫助我們擺脫困境。正如克里斯多夫所說，重點是「和」而不是「或」。

理想目標

當我們已經盡量在電力、運輸、熱能、工業和農業脫碳之後，捕集和封存在大氣中過多的二氧化碳。與樹木、海洋、地質風化等天然碳儲庫一起分擔工作。

如何實現

・降低成本和能源需求，同時提高直接空氣捕集科技的效率。

・可靠、經過證實的地質二氧化碳儲庫。

・大眾能接受更高的能源成本或氣候稅，以支付直接空氣捕集的大規模部署。

附加效益

新的就業機會。

36 乾淨的鋼

Clean Steel

正如塑膠是當今消費者世界的重要元素，鋼鐵也依然是製造業的主要材料。由於各種建築、運輸、機器和基礎設施，我們生活在一個以鋼鐵為架構的社會，如果沒有鋼鐵，我們的文明就會崩潰。遺憾的是，鋼鐵具有所有工業部門中最大的碳足跡，產生大約八%的人為二氧化碳排放。工業革命不僅由控制蒸汽的科技驅使，冶鐵也是另一推手——無論好壞，這項科技都讓我們走到了現在。所以，我們能不能製造零碳鋼鐵呢？

這項科技正在發展中。不過，在我們了解這項科技的地點和方法之前，我們也必須了解煉鋼流程：開採鐵礦、粉碎鐵礦、運輸鐵礦、冶煉（基本上是從鐵礦中提取純鐵），然後加工成鋼製品。這些步驟都需要耗費大量能源，尤其是冶煉階段。

瑞典的北部城鎮盧里歐（Luleå）正在鍛造氣候友善型鋼鐵。有一間礦業公司、一間能源公司和一間鋼鐵製造商已經開始一起進行一項合資計畫，稱為突破性氫能煉鐵科技（HYBRIT）。這項計畫目前每小時可製造一公噸的無化石燃料鋼鐵，但他們的雄心勃勃。執行長裴文國（Martin Pei）說：「如果我們生產無碳足跡的鋼鐵，鋼鐵就會成為未來永續社會的推動力。人類能夠繼續發展是極其重要的。我們需要解決這個排放問題，而我們十分確信，我們已經快要找到解決方法了。」

讓我們從地下開始吧。突破性氫能煉鐵科技計畫的採礦合作夥伴 LKAB 已經在起重和粉碎過程中改用電力而非化石燃料；柴油動力卡車及裝載機是下一個目標。

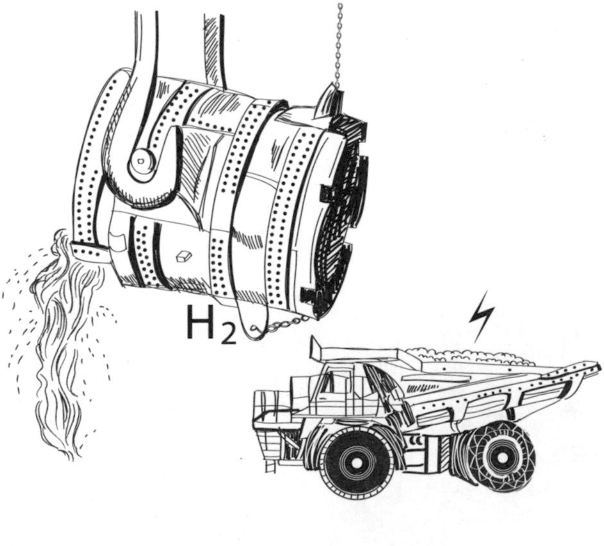

然而，脫碳過程中真正棘手的部分是冶煉，因為重點不僅僅在於使用較乾淨的燃料作為能源。生產鋼鐵的基礎化學方程式中有碳，而你必須找到可以代替碳的物質。鐵礦的主要成分是氧化鐵（也就是我們常見的鐵鏽），並混合其他雜質。使用煉焦煤從鐵礦中有效分離出純鐵對於我們的世界至關重要，所以這個程序最先發生的地方——英格蘭西米德蘭茲郡（West Midlands）的柯爾布魯克德爾（Coalbrookdale）——被稱為工業革命的發源地。在極高的溫度下混合鐵礦與富含碳的煉焦煤，隨之產生的反應會將氧和鐵分離，然後氧會跟碳結合。這就是在高爐中發生的反應，而且在以鐵礦為基礎的鋼鐵製造中，這個程序占二氧化碳排放的八五至九〇%。實際上，這個程序就是加入氧化鐵和碳，產出鐵和二氧化碳。

訣竅是，要找到碳以外也可以吸引氧脫離鐵的物質，於是氫就派上用場了。氫會在類似的熔爐內與鐵礦發生反應，但隨之產生的排放物質是水（H_2O）而不是二氧化碳（CO_2）。

不過，這種方法生成的鐵不像在熔爐中那樣呈現液態，而是海綿狀，還需要進一步熔化、與廢鐵混合並精煉，然後才能製造鋼鐵產品。這一切都需要更多能源。煉鋼是使用能源的超級大戶，這個產業總共需要八千兆瓦時（TWh），等同於全球總發電量的三分之一。

煉鋼廠使用的能源往往比鄰近城鎮更多。這就是為什麼英國、法國、德國、美國、中國乃至幾乎全世界的鋼鐵廠都在煤田上發展，也是為什麼瑞典突破性氫能煉鐵科技計畫的重要合作夥伴之一是專注於再生能源的公司 Vattenfall。無碳電力不只需要為鋼鐵廠供電，也需要製造清潔的氫。據估計，如果想用氫製造全世界的鋼鐵，將會需要全球現有風機的三倍數量所生產的全部能源。而要產生這麼多氫，則需要將電解槽容量從如今的一吉瓦增加至六百五十吉瓦。這一切在科技上都是可行的，但這簡直可以說是一場新的工業革命，將會改變鋼鐵生產的格局。未來的低碳鋼鐵廠可能也會設立在低碳能源附近，例如風場、水力發電壩、巨型太陽能場或核電廠。改變這麼大規模產業的運轉地點會產生贏家和輸家，使這種變化在政治上並不受歡迎。

那麼，這種變化真的會發生嗎？突破性氫能煉鐵科技計畫的裴文國表示，改變的第一步是證明他們的系統穩固耐用，而且可以全天候製造優質產品。他歡迎德國和印度的其他大型製造商也投資這項科技，因為這顯示大家相信整個產業會如此發展。不過他也承認，在接下來好幾年內，零碳鋼鐵的製造會比目前的骯髒版本更昂貴。想確保零碳鋼鐵的成功，需要高昂的碳價來懲罰傳統製造商，也需要顧客為零碳鋼鐵支付更多費用，甚至需要臨時關稅壁壘來保護乾淨的鋼鐵製造商不受「骯髒」的進口鋼鐵影響。

由於種種難以解決的阻礙，在二〇五〇年之前透過使用氫和綠電來實現無碳鋼鐵是一個相當高的目標，但還有其他一些構想可以減少我們的金屬碳足跡。其中一個是確保高爐具備碳捕集和封存能力，而碳捕集和封存本身就是一項大規模的新型產業（如第三十三章所述），但以短期來看，這種做法或許比徹底革新煉鋼流程更容易。另一個構想是少用鋼鐵。

人類每年大約製造十八億公噸的鋼鐵。這相當於地球上每人製造〇．二公噸左右的鋼鐵，大概是平均體重的三倍。我們真的需要使用這麼多鋼鐵嗎?鋼鐵的主要市場是建築、運輸和工業本身，大約各占三分之一。不過，透過改進設計來減少所需重量、開發使用時間更長的產品、重複使用零件、進行更多回收、用其他汙染較少的材料作為替代，就有可能減少鋼鐵產量。目前鋼鐵太便宜，所以無法推動這些做法的效率，但零碳鋼鐵將會更昂貴，而且就像能源或糧食一樣，如果我們需要支付生產過程的所有環境成本，就代表我們會更聰明地使用它。

理想目標

透過設計來減少鋼鐵使用量，並使用氫和電力或是配備碳捕集和封存裝置的高爐來生產其餘鋼鐵，可消除煉鋼業溫室氣體排放的八%。

如何實現

科技：擴大乾淨鋼鐵製程的規模以降低成本。

氫氣製造：大幅增加以再生能源或核能製造的綠氫量。

政策：設立法規，要求當地製造的鋼鐵或進口鋼鐵符合愈加嚴格的碳驗證標準。

附加效益

- 減少鋼鐵廠的煉焦煤礦附近的空氣汙染。
- 發展氫經濟。

廢棄物

Waste

37 氣候定時炸彈
Climate Time Bomb

用於讓我們和食物保持涼爽的氣體是一顆氣候定時炸彈。如果它們散逸到空氣中，將使大氣暖化〇．五℃左右，而有鑒於從工業革命前到現在，全球暖化的總幅度大約是一℃，這是個很龐大的數字。有些專家已經計算出，阻止這種情況可能是應對氣候變遷時最重要的單一解決方案。因此，我們該怎麼讓我們的身體、食物及地球保持涼爽呢？我們該從追蹤、控制、銷毀這些危險的化學物質開始。瑪麗亞．荷西．古提耶雷茲（María José Gutiérrez）領導了一群正在這麼做的獵人。在好幾年前，她的高中畢業紀念冊裡早已寫道：「瑪麗亞將拯救世界。」

冰箱的運作原理是透過管道和壓縮機使冷媒化學物質循環，讓它從液態變成氣態來產生冷卻效果。在上個世紀，最常用的氣體是氟氯碳化物（CFC）及氫氟氯碳化物（HCFC），但在一九八〇年代，人們發現這兩類氣體的釋放正在導致北極和南極上空的臭氧層出現破洞。這層大氣屏障可以抵禦來自太陽的有害紫外線，卻日益縮小。在相當迅速且協調的國際應對之下，一九八七年簽署的《蒙特婁議定書》（Montreal Protocol）規定，氟氯碳化物和氫氟氯碳化物的生產及使用必須逐步廢除，而臭氧層的破洞如今正在合攏。這對於氣候變遷也是好消息，因為這兩類被禁用的化學物質都是強效溫室氣體；不盡理想的是，最初的替代品氫氟碳化物（HFC）的全球暖化潛力是二氧化碳的一千至九千倍。這些氣體的隔熱特性使它們非常適合用於冰箱，也正是這種特性讓它們成為一條包裹世界的毯子，而且效果好到危險。如果合併計算目前使用和儲存的冷媒氣體，就會加總為令人恐懼的儲量。

來自哥斯大黎加的瑪麗亞・荷西・古提耶雷茲任職於美國公司Tradewater，該公司致力在冷媒氣體洩漏前發現並銷毀它們。她將她的團隊比喻為「《魔鬼剋星》（Ghostbusters），但處理的是冰箱氣體」，而且他們在南美洲和北美洲從事工作，被稱為RefriCazadores，意思是「冷卻獵人」。「我已經在我工作的地區見到氣候變遷的效應，而我想要帶來真實又可衡量的影響。我希望這些氣體能從大氣中消失。」

這個團隊正在尋找滿載的氣罐、完好的冰箱或工業冷卻器，這些物品經常儲藏在老舊倉庫和廢物處理場所。只要他們找到這些物品，而且與業主及地方當局達成協議，就能清除這些物品，並在焚化爐中銷毀冷媒氣體。不過，實際情形很少會那麼簡單。這些化學物質存在於合法的灰色地帶，所以庫存往往是隱藏的，業主可能希望將來可以出售它們，或者有時只是看中氣罐的廢鐵價值，這代表他們會排掉氣體，然後售出金屬。在最糟糕的情況下，光是從一個十五公斤重的鋼瓶排出的氣體，就可能具有與五十四輛汽車行駛一年相同的全球暖化潛力。Tradewater 曾在迦納清理一處存放七百七十一個鋼瓶的地點，一舉消除等同於兩萬七千六百輛汽車的氣候變遷衝擊。遺憾的是，有時團隊到得太晚，發現只剩下已刺穿的氣體儲槽、腐蝕的管道，以及正在造成可怕影響的氣體。這些氣罐是針對氣候的大規模毀滅性武器，正在等著爆炸。

一次成功的搜索及摧毀任務需要調查工作、外交手段，有時還需要雄厚的財力。Tradewater 的資金來自碳抵換，亦即公司或個人透過支付其他地方的氣候友善計畫，補償他們在製造或飛行等方面的碳排放。

我在寫這章時，Tradewater 在世界各地進行的氣體搜索工作已經阻止相當於五百萬公噸二氧化碳的氣體進入大氣，但瑪麗亞．荷西．古提耶雷茲並不滿意，她說：「我們只觸及到表面而已。還有遠遠更多需要處理。有些人擁有這種氣體，而且希望處理掉它，但有些人不想要處理掉這種氣體，所以我們需要發揮創意，並確保我們能取得全部的氣體。這項工作具有挑戰性，但也令人非常興奮，因為它可以對氣候變遷產生實質的影響。」

阻止從前的冷媒流動只是這項解決方案的一部分，我們還需要控制和替換我們目前使用的氣體。國際合作再度提供一些令人耳目一新的樂觀情勢。在盧安達首都基加利商定的一項《蒙特婁議定書》修正案已經承諾，富裕國家會在二〇一九年開始逐步淘汰氫氟碳化物，而低收入國家則在二〇二〇年代期間跟進。與近期的氣候協議不同，這項修正案是強制性而非自發性的。不過，隨著發展中國家對於空調和冷藏食品儲存的需求日益成長，這項工作十分龐大，而且還在不斷增加。我們開始採用更多代替氫氟碳化物的氣候友善型化學物質，包括丙烷、氨，諷刺的是還有二氧化碳，但它們需要新的設備和訓練，而且如果使用丙烷，也需要建立安全守則，因為它是一種可燃氣體。

聯合國工業發展組織（UNIDO）正在協調這些工作，尤其是在低收入國家。該組織支持約旦一間超市的氣候友善型冷卻器、厄瓜多的氫氟碳化物搜索訓練，並在甘比亞推廣替代性空調冷媒。整體而言，聯合國工業發展組織在十八個國

家施行二十個這類計畫，而且光是在二〇一九年就減少了相當於兩千五百萬噸二氧化碳的氣體。巴西第一款氣候友善型啤酒冷卻器並不是其中最大規模的計畫，卻是我個人最喜歡的。聯合國工業發展組織與里貝朗普雷圖（Ribeirão Preto）與一間地方企業合作生產一種裝置，每小時可冷卻二十公升啤酒，同時將冷媒的氣候衝擊降低一千五百倍。我願意為此乾杯。

理想目標

透過避免冷媒氣體的排放，在二一〇〇年前將全球平均氣溫的上升幅度降低〇．五℃。

如何實現

國際政治：實施和執行《蒙特婁議定書》的基加利修正案，這是一項具有法律約束力的協議，目標是逐步淘汰氫氟碳化物。截至二〇二一年春季，已有一百一十八個國家和歐盟簽署；美國及中國已承諾會正式簽署該協議。

財務：透過氣候抵換資金支持Tradewater和其他組織的工作，以取得老舊氣罐的庫存。

附加效益

回收冰箱、空調及氣罐中的鋁和鋼。

38 液態空氣
Liquid Air

食物浪費是氣候變遷最大也最愚蠢的原因之一。

我們需要食物，我們熱愛食物，然而我們也扔掉食物。食物對身體而言必不可少，對心靈而言令人愉悅，卻在掩埋場中堆積如山。

我們種植的糧食有三分之一從未被消費過。糧食的生長會製造溫室氣體，而食物的腐爛又會釋放更多溫室氣體。人類引發的氣候變遷大約有八％來自我們浪費的食物，與印度加上德國的排放量大致相同。如果沒有這些浪費掉的食物，我們可以讓三分之一的農地——面積相當於全球最大的國家俄國——回歸自然。這可能擁有巨大的除碳潛力，加上減少食物腐爛來避免排放，我們就能藉此大幅降低氣候變遷。

世界各地都有未被吃掉的食物，但丟棄這些食物的方式卻大相逕庭。在較富裕的國家，大部分食物是在抵達家中之後被浪費，而解決此問題主要需面臨標示、文化、行為上的挑戰，我們稍後會探討這件事。在較貧窮的國家，食物損失大多發生在食物甚至還沒跨過家中門檻之前，因為食物在運輸途中就腐爛了。不過，如果英國一位車庫發明家的研究能夠成功，那麼這種情況就不會持續太久了。

彼得・迪爾曼（Peter Dearman）是一位注定會像福特（Ford）和胡佛（Hoover）一樣家喻戶曉的天才。他確實還在車庫裡工作。那間車庫位於英格蘭城鎮彼索普斯托福（Bishop's Stortford）的一條梯形街道上，就在一輛缺了一顆輪胎的汽車後方。抬起頭頂的門之後，可以看到一堆雜亂的車床、鑽頭、銑床（按：銑音同「顯」，銑床即是切削金屬成各種形狀的機器）和氣瓶，照明則是幾顆掛在電線上的裸露燈泡。他就是在這裡發明並改進一種由空氣提供動力的引擎：迪爾曼引擎（Dearman Engine）。空氣有八〇%是氮氣，而氮氣只要經過壓縮及冷卻，就能像燃料一樣以金屬罐儲存和運輸。當你打開金屬罐閥門時，氮氣會膨脹七百倍，以相當大的力量成為氣態——這股力量足以推動活塞並驅動引擎。這種引擎可以發電讓製冷設備運轉，並且不會排放碳，而是大量寒冷的氮氣。無汙染電力與冷卻廢氣的結合是氣候友善型冷卻的完美選擇。

在低收入國家，這麼多食物在到達家中之前就腐爛的主要原因是缺乏「冷鏈」（cold chain），冷鏈是為了保持食物新鮮，由冷藏卡車及倉庫構成的網絡，而在較富裕的國家，冷鏈被視為理所當然的設施。大部分冷鏈是由燃燒柴油的冷卻器提供動力，因此會排放溫室氣體和不健康的街道空氣汙染。這種負面影響擴散到全世界，將會成為一場氣候變遷災難，不過迪爾曼有解決方法。

他的引擎已經公開發表，並經由倫敦的清潔冷能公司（Clean Cold Power）改良，該公司懷抱雄心壯志，希望能阻止我們的食物讓世界暖化。公司的商務總監哈立德．西蒙斯（Khaled Simmons）告訴我，全球有兩百五十萬輛柴油冷藏卡車，而且這個數字可能會在未來十年內變成四倍。平均而言，製冷設備的燃料消耗大約是卡車在路上行駛所需的二〇%，而且車輛停泊時，冰箱電動機會繼續運轉。不過，在哈立德的庭院裡，有一輛裝載拖車的大型冷藏卡車正在發出突突引擎聲，它只使用氮氣來冷卻。其第一個商業市場可能是加州，當地嚴格的空氣品質法規將逐步淘汰使用化石燃料的冷卻器。由於清潔冷能公司的工程師孜孜不倦地努力削減成本和提升效率，所以哈立德希望氮氣冷卻技術會讓柴油在大部分的現有車隊中逐漸喪失主導地位。他說：「液態氮引擎對於零碳冷卻是完美的雙贏，這是一種使用空氣來運轉的引擎，而排放的『廢氣』是攝氏零下的溫度。」

不過，如果這項科技能在較貧窮的國家受到廣泛採用來減少食物浪費，就會真正地大幅減少氣候變遷。然而這具有挑戰性，因為這項科技的骯髒對手柴油十分普及。但話說回來，空氣也非常普及……而且還是免費的。將空氣轉化成液態氮並不是超級高科技，卻非常耗電，因此需要使用太陽能或風能等再生電力來完成，以減少轉化過程中的碳。

在英國等較富裕的國家，消費者就是浪費食物的人。我們購買的食物有大約三分之一都被丟進垃圾桶。在農場和商店之間，我們擁有一條非常高效卻是碳密集的冷鏈，可以防止食物在運輸途中變質。然而，食物進入家中時就會開始腐爛。在歐洲，超過一半的食物在家中被丟棄；在英國，這個數字是七〇%；在美國，這個數字比較低，是四三%，部分原因是美國人更常外食。這種現象有個簡單的事實，就是我們負擔得起扔掉食物的代價：當貨架上有更新或更好的食品時，我們就不需要吃稍微變軟的香蕉或捲邊的切片麵包。此外，將不新鮮的食物變成美味佳餚需要信心、知識和一點時間，這些要素據說在廚房裡都供不應求。不過，如果考慮到英國的食物廢棄物每年導致兩千萬公噸的二氧化碳排放（相當於大約一千萬輛汽車），而其中大多數都在依然可食用時被丟棄，你還覺得這種說法是丟棄食物的合理藉口嗎？倡議團體廢棄物與資源行動計畫（WRAP）檢查垃圾桶後發現，裡面將近七〇%的食物還沒有變質。

有一項有效但令人完全無法接受的解決方案，就是讓食物變得昂貴，因而更具價值。這種解決方案不會實現，至少不會刻意實現，因為幾乎所有政治人物都在鼓吹「平價」食物的優點，而且如果沒有更好的支援措施，有些非常貧困的家庭可能難以吃飽。那麼，我們還能怎樣減少食物浪費呢？製造商和超市已經為較小的家庭單位開發份量較少的產品；「買一送一」這樣的數量促銷愈來愈罕見；不符合食品安全原則的「有效」期限正在慢慢消失。慈善機構、政府和名廚的倡議都已經妖魔化食物浪費，並推廣剩菜剩飯。這些措施也已經產生一些成果。自二〇〇七年以來，英國的廚餘已經減少超過四分之一，歐洲大部分地區的廚餘減少量也已經接近四分之一。廢棄物與資源行動計畫的安德魯・派瑞（Andrew Parry）希望可以透過改變策略來進一步減少食物浪費。從前消費者接收的訊息一直著重在食物浪費如何讓我們損失金錢，因為倡議人士認為消費者還不了解糧食生產對環境的衝擊。但現在，隨著年輕人愈來愈關心氣候變遷，糧食生產的環境衝擊將會在提倡減少食物浪費的訊息中成為焦點。

道德議題從未遠離有關食物浪費的辯論，因為營養對生命至關重要。許多宗教都會慶祝豐收，信徒也會在進食前感謝神靈。在大多數衝突中——特別是第二次世界大戰——浪費食物被認為是一種極其可恥的行為。印度和非洲在二十世紀曾發生可怕且廣為人知的飢荒，這進一步提醒我們不要浪費盤中飧。我們可能需要將阻止氣候變遷和減少食物浪費的道德力量結合在一起，才能推動必要的行為及技術變革，以確保我們吃下我們生產的糧食。

理想目標

脫碳製冷直接造成的減碳量大約是〇・一%。

減少食物浪費，並在可供利用的土地上種樹，藉此在二〇五〇年之前減少大約五%的排放。

如何實現

- 持續改進和部署液態空氣的科技及基礎設施。
- 更嚴格的空氣汙染法規。

附加效益

- 透過清除汙染性運輸製冷設備，改善都市空氣品質。
- 更多土地可供自然使用。

39 多種植，少汙染

Grow More, Pollute Less

如今將近一半的世界人口之所以存在，要歸功於德國化學家弗里茨・哈伯（Fritz Haber）和卡爾・博施（Carl Bosch）在二十世紀初的發現。他們結合氮和氫來製造氨，亦即人造肥料的關鍵成分，而人造肥料使糧食生產蓬勃發展，支持現在逐漸接近八十億的全球人口。與他們發明哈伯—博施法（Haber-Bosch process）時的人口相比，現在人口已經成長為四倍多。然而，製造和使用這些合成肥料是有代價的：汙染的水、退化的土壤、營養降低的糧食，以及如今排在首位的大規模全球暖化。值得慶幸的是，在約克郡，有兩位父親在學校門口會面，或許能讓我們保持作物豐收，同時消除懲罰性的副作用。

「我利用經過處理的天然纖維捕集二氧化碳，產出很好的效果。我知道你經常處理錢的事務。我們可以合作推動進一步發展嗎？」當他們送孩子上學時，工業化學家彼得・哈蒙德（Peter Hammond）對金融家帕維爾・基西列夫斯基（Pawel Kisielewski）說。他們目前正在從廢棄物製造超低碳肥料，並認為所有肥料都能以這種方式生產，沒有什麼技術原因會成為阻礙。他們的首批合作夥伴之一就是食品與飲品公司百事可樂，而其中最先獲得氣候友善效益的產品之一是洋芋片。到了二〇二二年年底，這些洋芋片或許可以貼上淨零標籤。

傳統化學肥料在製造及使用過程中都會推動氣候變遷。這類肥料的原料是來自空氣的氮，以及從甲烷分子 CH_4 分離而來的氫。這不僅需要大量熱能，反應本身也會產生二氧化碳。接著在高溫高壓下結合氫和氮，這又需要更多能源。這種方法產生的氨灑在田地上之後，其中高達五〇％的氨根本對植物毫無幫助，只會以一氧化二氮的形式蒸發，而一氧化二氮是一種比二氧化碳強效將近三百倍的溫室氣體。上述這幾個層面全部加總起來就成為肥料產生的碳足跡，大約占人為全球暖化總量的二・五％，與航空不相上下。或者也可以換一種說法：每公噸的肥料大約會產生四公噸的二氧化碳當量。

彼得・哈蒙德和帕維爾・基西列夫斯基成立CCm科技公司（CCm Technologies），利用纖維性有機物質、廚餘或汙水中的氨、工業煙囪中的二氧化碳等廢料來製造肥料。由此產生的肥料富含硝酸銨和有機物質；它可以根據作物或國家量身打造，從泰國的米到英國的馬鈴薯都不例外；它不會比傳統肥料還要昂貴；而且只要將它製造成丸狀或顆粒狀，就能使用與傳統肥料相同的工具鋪灑。

彼得表示，他們的方法有點像《回到未來》裡布朗博士的引擎。他說：「在概念上，這個方法類似於我們從前在有機農場所做的事，也就是使用廢棄物來協助作物生長，但我們又針對二十一世紀的現況進行最佳化。剩菜剩飯、作物殘渣、堆肥、動物糞便、人類汙水，以及非常重要的二氧化碳，全部結合在一起。這個方法正在回收這些營養素，它是真正的循環，而且有非常好的前景。」

他們的肥料製造廠可以設置在食品鏈的任何位置，從糧食生長階段一路到食物被吃掉之後都涵蓋在內。我們先從百事公司在萊斯特（Leicester）的沃克斯洋芋片（Walkers Crisps）工廠開始吧。CCm科技公司在這裡有一座以廢棄馬鈴薯皮為原料的厭氧消化槽，這會提供該工廠四分之三的電力，但也會產生二氧化碳及消化後的殘渣，稱為沼渣（digestate）「餅」。CCm會將這些產物與來自煙囪的更多二氧化碳、來自附近廢水處理場的氨結合在一起製造肥料。然後這些肥料會用在田地上種植馬鈴薯。整個流程正在大幅減少這種暢銷鹹味零食的碳足跡。

帕維爾・基西列夫斯基表示，世界各地的零售商、其他食品公司和國家正在關注這項科技。「我們的科技可以實現零碳甚至負碳。它不會讓你花錢，還會協助清除你的廢棄物。這麼說或許很大膽……不過，是的，我認為我們可以替代全球很大一部分的傳統肥料。」

CCm科技公司的另一受青睞之處是

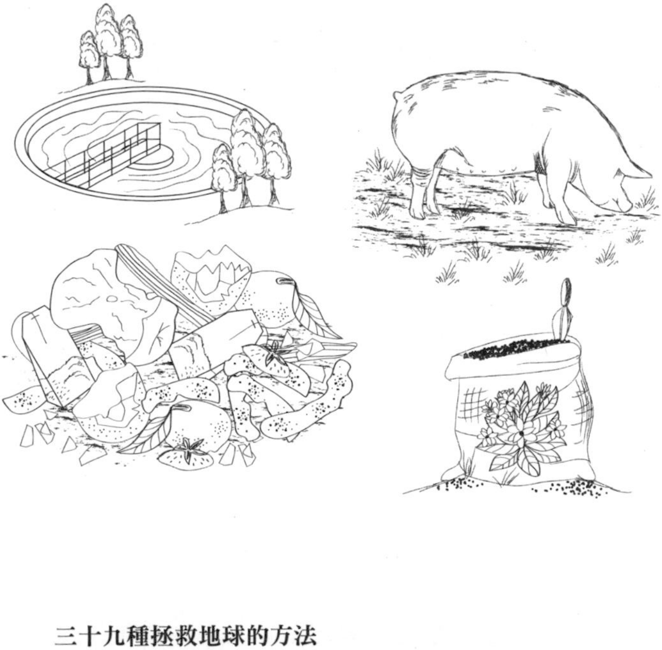

污水處理廠。在伯明罕附近的一間汙水處理廠，該公司正在將城市排出的汙水轉變成肥料，從汙水處理廠運輸到耕作農場。汙水含有高濃度的氨和磷，這對於自來水公司是很大的汙染問題，但它們可以從汙水中提取出來，成為肥料的重要成分。自來水公司在處理廠現場有一座以汙水中的固體汙染物質為原料的厭氧消化槽，同樣會產生沼渣和二氧化碳。對於CCm科技公司而言，氨、有機材料和二氧化碳就如同神聖的三位一體。帕維爾．基西列夫斯基說：「我已經六十歲出頭，從來沒在一樁生意中投入過這麼多感情。在應對氣候變遷時，農業一直跟不上潮流，我們可以幫忙改變這件事。這件事可以成真。」

這是擁有巨大附加效益的氣候變遷解決方案之一。許多農場都任由土壤中的有機物質日益減少，而這種肥料能夠協助恢復有機物質。以長遠來看，這代表我們能夠減少所需的肥料、增加富含營養的糧食，甚至改善土壤保水性，此舉對於容易發生旱災或水災的地區意義重大，因為這會讓水比較不容易流失並淹沒附近城鎮。此外，在許多擁有高度集約畜牧業的國家，例如美國或荷蘭的部分地區，大量動物糞便正在導致水汙染危機。遭到廢水汙染的湖泊和河川容易出現藻類大量繁殖的現象，進而消耗氧氣並使野生動物死亡。這些糞便都是肥料的完美原料。

讓肥料產業變得環保又要維持糧食產量，是一項浩大的任務。但我認為CCm科技公司和其他同類企業能夠成功，因為他們不需要許多全新的專門工廠。這種構想和科技可以在現有的糧食和廢棄物基礎設施中近乎無聲無息地擴散到各個角落，就像是一種將氣候元凶轉變成氣候鬥士的超級血清。

彼得．哈蒙德默默地著急，他說：「在減少溫室氣體和解決某些棘手的廢棄物方面，這是最簡單的方法。它就在眼前，我們可以迅速推行。為什麼不用它呢？」

理想目標

將製造及使用合成肥料所產生的人為溫室氣體排放減少二・五%。

如何實現

・在處理廢棄物（廚餘、動物排泄物、人類排泄物）的任何地方運用肥料製造科技。

・設立食品的氣候標示制度，以鼓勵購買及生產低碳的作物和家禽家畜。

・改革法規，讓廢棄物的使用受到鼓勵而非處罰。

附加效益

・提升食物營養。
・促進土壤健康。
・改善農場野生生態。
・減少水汙染和空氣汙染。

致謝

本書的起源是一個電台系列節目，而大部分的功勞都屬於英國廣播公司電台的團隊。首先是英國廣播公司廣播四台的負責人莫希特．巴卡亞（Mohit Bakaya）。我第一次遊說他製作一個關於氣候變遷解決方案的系列節目時，他就支持這個想法，並把節目放在為期八星期的黃金廣播時間，還提供Podcast上的全力支援。我的朋友艾勒斯戴爾．克羅斯（Alasdair Cross）擔任這個節目的製作人，並建議我寫成一本書。作為長期的合作夥伴，我們在打造這個廣播節目的聲音、語調、內容時是一支優秀的創意團隊。節目的大部分內容都已經收錄到本書裡了。電台團隊中的其他朋友也是非常寶貴的成員：安妮－瑪麗．布洛克（Anne-Marie Bullock）擁有無窮無盡的精力和探求新聞出處的頑強精神，莎拉．古德曼（Sarah Goodman）擅長進行富有靈感又仔細詳盡的研究。廣播四台專員丹尼爾．克拉克（Daniel Clarke）和英國廣播公司主編迪米崔．豪塔（Dimitri

Houtart）在整個製作過程中都提供支援及編輯指導。

雖然沒有在本書中提及，但結果證明譚辛．愛德華茲（Tamsin Edwards）的專業知識具有非常重要的作用。身為倫敦國王學院（Kings College London）的氣候科學準教授兼英國皇家地理學會（RGS）的成員，她是我在這個廣播節目上的學術聯合主持人。她的熱忱和知識不僅透過廣播傳遞出去，也有助於塑造我對本書的想法。我也要感謝皇家地理學會顧問群和會長喬．史密斯（Joe Smith）的專業知識。

在製作本書的過程中，我要感謝我的經紀人派翠克．沃爾許（Patrick Walsh），他耐心地指引我這個新手穿越出版業叢林，而且（儘管COVID造成極大影響）我仍然成功在相當不錯的當面聚餐而非Zoom的畫面上與他見面至少一次。在企鵝出版集團，我從艾伯特．德沛翠羅（Albert DePetrillo）、貝瑟妮．萊特（Bethany Wright）、蘿拉．尼柯（Laura Nicol）和丹尼爾．索倫森（Daniel Sorensen）獲得很大的幫助。從最初的討論，到文稿格式、編輯、插圖、宣傳，他們帶領我這個門外漢走過寫作第一本書的旅程。

我的家人也在其中扮演不同的角色。長子道格爾（Dougal）幫助我思考如何呈現每個構想的規模，次子愛德華（Edward）製作一些很棒的社群媒體影片來配合我的電台系列節目，三子塞繆爾（Samuel）則建議我每章的理想篇幅應該多長。我的妻子塔慕妮（Tammany）是我寶貴的思想共鳴板，她忍受我經常興奮地談論最新的章節，並提醒我或許會在哪個地方讓一般讀者失去興趣。我父親約翰（John）努力不懈地支持和保護南極，使我養成對環境的興趣，而我母親佩格（Peg）教導我的眾多事情之一就是食物的重要性。

不過，我最感謝的是本書中呈現的男性和女性，因為他們的努力使本書充實又豐富，而或許更重要的是，他們的努力可以拯救地球。

知的！215

三十九種拯救地球的方法：
BBC主持人告訴你，我們擁有讓環保與發展並存的實際方法
39 Ways to Save the Planets

作者	湯姆・希普（Tom Heap）
譯者	涂瑋瑛
審訂	何晟瑋
編輯	許宸碩
校對	許宸碩
封面設計	初雨有限公司（ivy_design）
美術設計	初雨有限公司（ivy_design）
創辦人	陳銘民
發行所	晨星出版有限公司 407台中市西屯區工業30路1號1樓 TEL：（04）23595820 FAX：（04）23550581 Email：service@morningstar.com.tw http://star.morningstar.com.tw 行政院新聞局局版台業字第2500號
法律顧問	陳思成律師
初版	西元2023年5月15日　初版1刷
讀者服務專線	TEL：（02）23672044 /（04）23595819#212
讀者傳真專線	FAX：（02）23635741 /（04）23595493
讀者專用信箱	service @morningstar.com.tw
網路書店	https://www.morningstar.com.tw
郵政劃撥	15060393（知己圖書股份有限公司）
印刷	上好印刷股份有限公司

定價新台幣450元

（缺頁或破損的書，請寄回更換）

ＩＳＢＮ：978-626-320-362-4(平裝)

39 WAYS TO SAVE THE PLANET by TOM HEAP

BBC RADIO 4

First published as 39 WAYS TO SAVE THE PLANET in 2021 by Witness Books, an imprint of Ebury Publishing. Ebury Publishing is part of the Penguin Random House group of companies
Based on the BBC Radio 4 Series 'Ways to Save the Planet'
This translation edition arranged with The Random House Group Ltd
through BIG APPLE AGENCY, INC., LABUAN, MALAYSIA.

國家圖書館出版品預行編目(CIP)資料

三十九種拯救地球的方法：BBC主持人告訴你,我們擁有讓環保與發展並存的實際方法 / 湯姆.希普(Tom Heap)著；涂瑋瑛譯. -- 初版. -- 臺中市：晨星出版有限公司, 2023.05
面；　公分. -- (知的!；215)
譯自：39 ways to save the planet
ISBN 978-626-320-362-4(平裝)

1.CST: 氣候變遷 2.CST: 環境保護

445.99　　　　111021570

掃描QR code填回函，成爲晨星網路書店會員，
即送「晨星網路書店Ecoupon優惠券」一張，同
時享有購書優惠。